# Photoshop CC

# 移动UI

# 设计实战 一本通

创锐设计 编著

U0178966

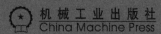

机械工业出版社
China Machine Press

## 图书在版编目（CIP）数据

Photoshop CC 移动 UI 设计实战一本通／创锐设计编著. —北京：机械工业出版社，2019.10

ISBN 978-7-111-63682-3

Ⅰ.①P… Ⅱ.①创… Ⅲ.①移动终端–人机界面–程序设计②图像处理软件 Ⅳ.①TN929.53 ②TP391.413

中国版本图书馆 CIP 数据核字（2019）第 204737 号

　　本书是一本讲解如何使用 Photoshop 进行移动 UI 设计的案例操作型自学教程，可以有效帮助读者提高设计能力，拓展创作思路，从此踏上成长为移动 UI 设计高手的征程。

　　全书共 11 章。第 1 章讲解移动 UI 设计的基础知识，包括移动 UI 设计的流程、原则、布局方式等内容。第 2 章和第 3 章分别介绍了当前两大主流移动操作系统 iOS 和 Android 的特点和 UI 设计规范。第 4 章讲解移动 UI 设计中常用的 Photoshop 功能，包括图形绘制、文本添加、图像合成、样式设置等内容。第 5 章讲解图标、按钮、开关、搜索栏、Tab 标签、进度条、列表框、对话框等移动 UI 中常用元素的设计方法。第 6 ~ 11 章为项目实战练习，按照不同的设计风格，分别讲解了旅游、购物、美食、音乐、智能家居、儿童早教等 App 的 UI 设计和制作流程，通过详解设计思路和操作步骤，指导读者综合应用前面所学，设计出完整的 UI 作品。

　　本书内容实用，案例典型，图文并茂，可操作性强，特别适合移动 UI 设计的初学者学习，对 Photoshop 使用者、平面设计师、App 开发设计人员也具有较高的参考价值。

## Photoshop CC 移动 UI 设计实战一本通

出版发行：机械工业出版社（北京市西城区百万庄大街 22 号　邮政编码：100037）

| | | | |
|---|---|---|---|
| 责任编辑：李杰臣　李华君 | | 责任校对：庄　瑜 | |
| 印　　刷：北京天颖印刷有限公司 | | 版　　次：2020 年 1 月第 1 版第 1 次印刷 | |
| 开　　本：170mm × 242mm　1/16 | | 印　　张：16.5 | |
| 书　　号：ISBN 978-7-111-63682-3 | | 定　　价：79.80 元 | |

客服电话：（010）88361066　88379833　68326294　　投稿热线：（010）88379604

华章网站：www.hzbook.com　　　　　　　　　　　　读者信箱：hzit@hzbook.com

# PREFACE

前言

随着移动互联网的兴起，移动设备 App 的开发成了一个热门领域。移动设备 App 的用户界面设计称为移动 UI 设计。本书是一本移动 UI 设计的案例操作型自学教程，以 Photoshop 为设计工具，循序渐进地带领读者掌握移动 UI 设计的精髓。

## ◎内容结构

本书共 11 章。第 1 章讲解移动 UI 设计的基础知识，包括移动 UI 设计的流程、原则、布局方式等内容。第 2 章和第 3 章分别介绍了当前两大主流移动操作系统 iOS 和 Android 的特点和 UI 设计规范。第 4 章讲解移动 UI 设计中常用的 Photoshop 功能，包括图形绘制、文本添加、图像合成、样式设置等内容。第 5 章讲解图标、按钮、开关、搜索栏、Tab 标签、进度条、列表框、对话框等移动 UI 中常用元素的设计方法。第 6 ~ 11 章为项目实战练习，按照不同的设计风格，分别讲解了旅游、购物、美食、音乐、智能家居、儿童早教等 App 的 UI 设计和制作流程，指导读者综合应用前面所学，设计出完整的 UI 作品。

## ◎本书特色

●案例典型，学以致用：本书通过精心设计，将知识点融入贴近实际应用的典型案例中进行讲解，让学习过程变得轻松、不枯燥，能够有效提高读者的阅读兴趣和学习效率。

●图文并茂，清晰直观：本书在讲解操作步骤时采用"一步一图"的方式，非常清晰、直观，让读者能够轻松和快速地掌握操作要领。

●技巧丰富，延展学习：书中穿插了许多从实践中总结出来的"技巧提示"，让读者在掌握软件操作的同时还能汲取专业设计人员的工作经验，快速提高实战能力。

●资源完备，轻松自学：本书配套的学习资源提供所有案例的相关文件。读者按照书中讲解，结合文件动手操作，学习效果立竿见影。

## ◎读者对象

本书特别适合移动 UI 设计的初学者学习，对 Photoshop 使用者、平面设计师、App 开发设计人员也具有较高的参考价值。

由于编者水平有限，在编写本书的过程中难免有不足之处，恳请广大读者指正批评，除了扫描二维码关注公众号获取资讯以外，也可加入 QQ 群 736148470 与我们交流。

编者

2019 年 9 月

# 如何获取学习资源

## 步骤 1：扫描关注微信公众号

在手机微信的"发现"页面中点击"扫一扫"功能，如右一图所示，进入"二维码/条码"界面，将手机摄像头对准右二图中的二维码，扫描识别后进入"详细资料"页面，点击"关注公众号"按钮，关注我们的微信公众号。

## 步骤 2：获取学习资源下载地址和提取密码

点击公众号主页面左下角的小键盘图标，进入输入状态，在输入框中输入 2 个小写字母"ui"，点击"发送"按钮，即可获取本书学习资源的下载地址和提取密码，如下图所示。

## 步骤 3：打开学习资源下载页面

在计算机的网页浏览器地址栏中输入前面获取的下载地址（输入时注意区分大小写），如右图所示，按 Enter 键即可打开学习资源下载页面。

## 步骤 4：输入密码并下载文件

在学习资源下载页面的"请输入提取密码"文本框中输入前面获取的提取密码（输入时注意区分大小写），再单击"提取文件"按钮。在新页面中单击打开资源文件夹，在要下载的文件名后单击"下载"按钮，即可将其下载到计算机中。如果页面中提示选择"高速下载"还是"普通下载"，请选择"普通下载"。下载的文件如为压缩包，可使用 7-Zip、WinRAR 等软件解压。

> **提示**
>
> 读者在下载和使用学习资源的过程中如果遇到自己解决不了的问题，请加入QQ群736148470，下载群文件中的详细说明，或者找群管理员提供帮助。

# CONTENTS

目录

# 第 2 章　iOS 系统特点及设计规范

# 第 3 章　Android 系统特点及设计规范

## 第 4 章 Photoshop 常用功能

## 第 5 章 移动 UI 常用基本元素设计

## 第 6 章 扁平化风格的旅游 App

# 第 7 章　清新风格的电商 App

# 第 8 章　绚彩风格的美食 App

# 第 9 章　时尚风格的音乐 App

# 第 10 章　线性风格的智能家居 App

# 第 11 章　活泼可爱的早教 App

# 第1章

# 了解移动 UI 设计

移动 UI 设计是 App 开发中非常重要的环节,它的主要目的是优化 App 的用户界面(UI),使 App 能够吸引更多用户。在进行移动 UI 设计之前,我们需要学习一些移动 UI 设计的基础知识,如移动 UI 设计的流程、原则及常用布局方式等。

## 1.1 认识移动 UI 设计

UI 是 User Interface(用户界面)的缩写。UI 设计是指对应用程序的人机交互、操作逻辑、界面美观性的整体设计。好的 UI 设计不仅要让应用程序的外观有个性、有品位,还要让应用程序的操作变得舒适、简单、自由,充分体现应用程序的定位和特点。

移动 UI 是指移动互联网产品的 UI。不管是苹果的 iOS 系统、Google 的 Android 系统,还是运行在这些系统上的 App,它们的开发都离不开移动 UI 设计。移动 UI 设计不仅仅是视觉传达中所说的美化界面设计,也因为交互体验是建立在"看见后再执行"这一基础之上的,所以它还必须要满足视觉的"看见"才会有后期的交互操作的设计。由此可知,对于移动 UI 设计的研究必然离不开"视觉"二字。

下图展示了 UI 与视觉的关系,移动 UI 也是如此,只不过它是将设计对象落在了移动设备上。

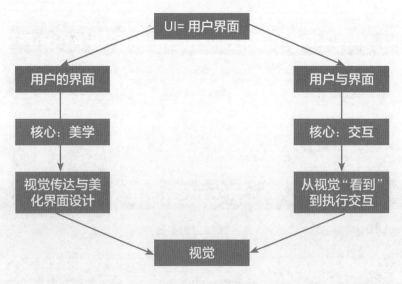

对于在计算机上运行的应用程序来说,它们的 UI 设计能够使用的屏幕尺寸较大。而移动 UI 设计能够使用的屏幕尺寸要小得多,并且将计算机上的鼠标和键盘操作用移

动设备上的手指操作代替，如右图所示。
这是移动 UI 设计的一个难点。

移动 UI 设计中的另一个难点是基本无法用一种方案适配所有的移动平台，其兼容性要求更高，而且大多数移动平台可以发挥的空间非常有限。因此，移动 UI 设计并不是一件容易的事。

移动 UI 设计对 App 的推广起着至关重要的作用。大多数用户并不关心 App 的功能是如何通过代码实现的，他们关心的是 UI 的视觉效果是否美观、操作方式是否简便和实用等"可感知"的因素。因此，好的移动 UI 设计不仅要满足用户的审美需求，而且要满足用户对使用体验的需求，这样才能吸引并留住用户。

下图所示为两个较优秀的移动 UI 设计案例效果展示，它们利用简洁的按钮和图标等元素组成了完整的界面，并对信息的排版进行了精心设计，使用户能直观地了解 App 的主要功能和操作方式。

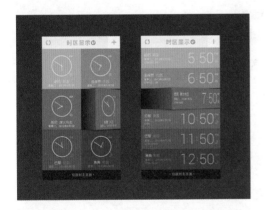

## 1.2　UI 设计的流程

通过前面的学习，我们已经了解了什么是移动 UI 设计。在学习 UI 设计的方法之前，还需要了解 UI 设计的流程。正所谓"磨刀不误砍柴工"，了解了移动 UI 设计的流程，在设计的过程中就可以避免许多不必要的操作，更加流畅与顺利地完成设计工作。下图所示即为 UI 设计的主要工作流程。

假设现在要为一款儿童早教 App 进行 UI 设计,其流程就会包括如下图所示的几个步骤。

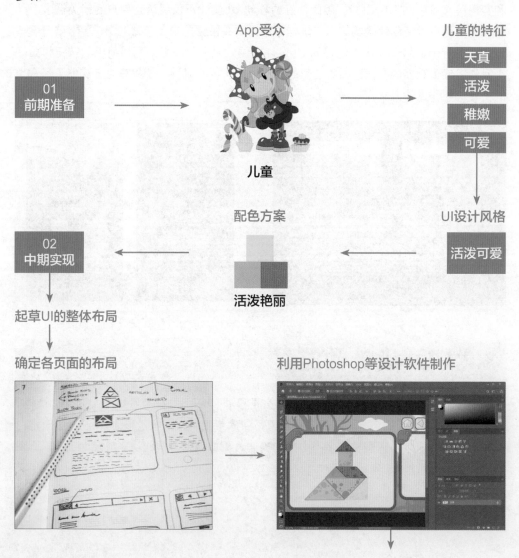

根据出现的问题做适当调整，
形成最终的效果

输出后可能遇到一些问题，
如偏色或显示不完整等

## 1.3　移动 UI 设计的原则

因为移动端在屏幕尺寸和操作方式等方面具有局限性，所以移动 UI 设计的形式和内容较为简洁，设计师在制定方案时要遵守的规则也相对简单。即便如此，移动 UI 设计中仍要遵循以下基本原则。

### 1.3.1　一致性原则

一致性原则是移动 UI 设计中最重要的一项原则，它是指 UI 交互元素的一致和交互行为的一致。为用户提供风格统一的 UI，意味着用户不必花过多的时间去学习，就能轻松掌握 App 的使用方法。

在进行移动 UI 设计时，设计师会先根据受众对象定义 UI 的整体风格，再根据这个风格来设计 UI 中的单个元素。这些单个元素是组成 UI 的基础，它们的设计首先需要有统一的风格，可以分别从其外形、材质、颜色等方面去考虑，然后建立统一的标签来完成元素的设计，如下左图所示。将制作好的单个元素进行合理的排版布局，就能形成一个比较完整的 UI，由于各个元素采用了统一的设计风格，将其组合到一起时，整个 UI 就能给用户留下和谐且统一的印象，如下右图所示。

每个设计都会有不同的视觉表现，并且每个页面也会有不同的组成元素，包括文字、组件、图标等。在设计一个 App 的 UI 时，可以根据要表现的风格，提取一些能够使画面相对统一的要素，如相同的形状和类似的颜色等，在保证主题不变的情况下，使设计出的 UI 能够呈现出相对一致的效果。

如下图所示的 App UI 中，对不同区域的文字使用了相同的字体，通过字号的变化来展现文字内容的主次关系，此外，对一些比较重要的操作按钮使用相同的颜色进行填充，形成了比较统一的视觉效果。

## 1.3.2　习惯性原则

所有的设计都是为用户而服务的，所以在进行移动 UI 设计时，应该更多地为用户考虑，严格按照用户的操作和使用习惯等进行设计。简单来说，就是不要求用户去记住设计，而是让设计符合用户的习惯，达到事半功倍的效果。

以用户的语言习惯为例，在做移动 UI 设计时，按钮和菜单上的文字内容设定就需要遵从用户的语言习惯。例如，在针对中文用户的电商 App 中，商品展示页面的操作按钮上就可以添加"抢购"或"购买"等中文文字，以提示用户点击此按钮可以进行的操作，如下图所示。

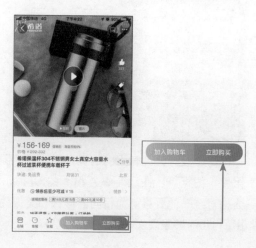

除语言习惯外，用户的操作习惯也是影响移动 UI 设计的重要因素。一项针对智能手机操作习惯的调查显示，大多数智能手机用户习惯以单手持握、双手持握和抱握三种方式持握手机。

单手持握就是用一只手握住手机。在单手持握手机的人中，大部分会用右手大拇指触摸屏幕，而少部分则会用左手大拇指触摸屏幕，如右图所示。

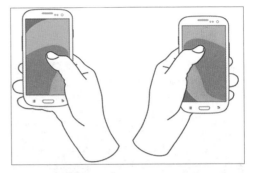

双手持握则是用双手同时握住手机。双手持握手机的人一般会用大拇指之外的手指抓住手机，用两根大拇指来触摸屏幕，如右图所示。

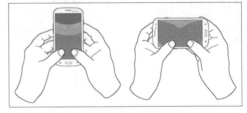

抱握手机的人基本上采用两种方式，一种用大拇指触摸屏幕，另一种用食指触摸屏幕，如右图所示。与单手持握相比，抱握会更稳当。

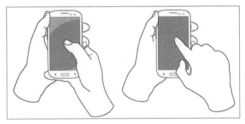

考虑到上述操作习惯，UI 中按钮等控件的位置就会影响用户的使用体验，因此，在进行移动 UI 设计时，需要根据不同用户的操作习惯来安排控件的位置，用户使用起来才会更加顺手。下左图中 App 的主要操作区域被安排在 UI 的下半部分，适合大部分单手持握手机的用户；下右图中 App 的主要操作区域被安排在 UI 的上半部分，适合双手持握手机的用户。

　　进行移动 UI 设计时，还需要考虑用户的认知习惯。设计师不能一味地求新、求变，对于一些已经约定俗成的功能，或者用户已经习惯于与某个功能联系起来的图标等，不能随意更改。例如，在移动 UI 设计中，大多数设计师会使用"信封"图标来代表"邮件"功能，如下左图所示，大多数用户也已经接受了这一设定。在这一前提下，若使用"信封"图标来代表"收藏"功能，如下右图所示，就容易误导用户。

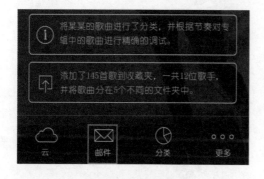

### 1.3.3　清晰性原则

　　清晰性原则是指保持 UI 设计的清晰性。清晰的 UI 不仅更美观，而且也更利于用户浏览信息。主题不明确且信息概念模糊的 UI，会影响用户的使用体验，从而大大降低 App 的使用率。

　　右图所示为两款汽车销售类 App 的 UI 设计效果图。前一幅 UI 设计效果图中添加了对应的汽车产品图片，可以起到明确车型信息的作用，再结合产品图片左侧的数字，明确了排行顺序，使得整个页面条理清晰；而后一幅 UI 设计效果图中没有汽车产品图片，排行数字也不够醒目，相比之下，这样的表现方式便不利于汽车产品信息的传递。

### 1.3.4　易用性原则

　　易用性原则是指移动 UI 设计需要清晰地表达出 UI 的功能，以减少用户的选择错误。也许对于移动 UI 设计师来说，UI 的美观性非常重要，但是用户更关心的是 UI 是否实用、好用。如果用户打开 App 后无从下手，或者需要花费大量时间寻找功能按钮，那么这样的UI即使设计得再漂亮也是不合格的。因此,UI 的易用性相对于美观性而言更加重要。

移动 UI 设计中的易用性原则包括按钮名称应该易懂，用词应该准确，图标辨识度要高等。

如右图所示的 UI 设计即严格遵循易用性原则，将不同的功能利用选项卡进行了合理的分区，并搭配简单的文字说明其功能。此外，在同一页面中尽量控制控件的数量，并用比较醒目的颜色指示重要的控件，以方便用户观察和使用。

# 1.3.5　人性化原则

人性化原则是指移动 UI 设计要协调技术与用户的关系，既能满足用户的功能需求，又能满足用户的心理需求，给用户方便、舒适的体验。举例来说，许多 App 允许用户自由地设置 UI 的风格，让用户感觉这个 App 是专属于自己的，满足了用户对"个性化"的需求，这就是人性化原则的体现。

如下图所示，这款阅读 App 即允许用户根据自己的审美喜好定制 UI 的背景、文字的字体和字号等，以及根据自己的操作习惯定制 UI 的操作方式。

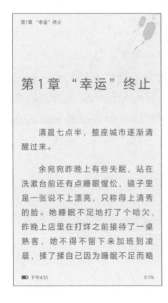

# 1.4 提升用户体验的 UI 设计技巧

一款手机 App 与用户直接接触的部分就是 UI，因此，UI 设计的好坏会大大影响用户使用 App 的体验。移动 UI 设计除了需要遵循一些基本的设计原则，还可以采用一些技巧来提升用户体验。

## 1.4.1 简化操作流程

简化操作流程是提升用户体验的常用方法。用户使用 App 都有一个特定的目标，而实现这个目标需要经历的交互操作和页面转换就是操作流程。通常，实现这一目标所经历的环节越少，体验就越好。简化操作流程可以从优化交互方式和减少页面转换两个方面入手。

### 1. 优化交互方式

优化交互方式包括减少用户点击次数和降低操作难度两个方面。通过减少一些不必要的操作环节，可以优化整个 App 的操作过程，提高信息的输入和反馈效率。例如，支付宝 App 在绑定银行卡时，为用户提供了拍照识别卡号的功能，如右图所示，而不需要用户手动输入卡号，这样就减少了用户的点击次数，同时避免了输入错误的情况。

又如，淘宝、微信等 App 在付款时都提供了指纹支付功能，如左图所示，这也是优化交互方式的表现。使用指纹支付可以减少输入支付密码这一操作环节，提高了交互效率。

### 2. 减少页面转换

一个 App 往往有多个操作页面，因此，在操作流程设计阶段，非常有必要进行分析，明确高层次和低层次的任务，并将每个页面的用途反映到相应的设计层次，从而减少页面的转换。右图所示为某 App 的电影票购买页面，用户只需选择时间就能快速进入对应的选座购票页面，简单的操作和页面转换更容易留住用户。

## 1.4.2　手势与动画的结合

随着取消物理 Home 键的 iPhone X 的发布，手势操作成为人机交互设计的一种趋势，移动 UI 设计师也因此面临着新的挑战。交互方式的变化意味着用户初次使用一款 App 时要花更多时间去学习操作，因此，设计师必须更加注重对用户的教育与引导。在设计 UI 时，可以添加一些必要的手势教程，并利用简单的动画增强用户的学习效果。

### 1. 添加手势教程

许多以手势交互驱动的 App 都会在首次打开时显示手势教程，以便用户学习操作。下图所示为某 App 在初次打开时显示的手势教程，通过这个教程，用户能够快速了解这款 App 的核心操作。

添加手势教程时要注意的是，只需简单提示重要操作，以避免用户因为信息太多而失去观看的耐心，甚至放弃使用 App。

由于 App 首次打开时显示的手势教程只有重要操作，所以其他操作的教程就要在使用的过程中，结合用户所处的页面或正在完成的任务等来显示。

如右图所示即为在特定页面中显示的手势教程。如果想要教给用户一个新的手势，不要指望一次搞定，不要急于求成，而是需要给用户一个渐进的引导，并且这种引导应该是专注于单个交互的，而非一次给用户灌输大量信息。

## 2. 使用动画来呈现手势

在手势教程中，还可以适当使用动画来呈现手势，以增强用户的学习兴趣和学习效果。目前有两种比较流行的手势教程动画，分别是提示动画和内容展示动画。

提示动画主要以预览的形式展现如何运用手势与 UI 中的特定元素进行交互，其作为手势和触发交互之间的桥梁存在。提示动画在各类游戏 App 中比较常见，如下左图所示。

相比于提示动画，内容展示动画更加微妙，常用于向用户展示交互后呈现出来的内容和结果。如下右图所示的内容展示动画让用户能清楚地看到点击某个选项后的 UI 内容变化。

### 1.4.3　选择适当的图像尺寸与格式

任何一个 App 的 UI 设计都离不开图像的运用。图像的大小是影响整个 UI 视觉效果的重要因素。在设计 UI 时，虽然采用系统通用尺寸大小的图像可以使资源的管理变得更加简单，但是设备的硬件配置差异较大，一些效果不能得到很好的应用。因此，应当针对具体的移动设备屏幕尺寸来设计图像，只有大小合适的图像才能构建最佳的使用体验。

下左图和下右图均为游戏 App 的 UI 设计效果。下左图中的 UI 设计因为尺寸不合适，控制按钮都不能完整显示出来，这样的 UI 设计即使非常美观，也是不合格的；而下右图中的 UI 设计因为尺寸完全契合，效果自然非常不错。

图像的格式也是影响 UI 视觉效果的关键因素。有些 App 会在加载一些大型图像时出现暂停，这不仅仅是因为图像的大小存在偏差，也有可能是因为采用了不支持的图像格式。

iOS 系统和 Android 系统均支持多种图像格式，如 PNG、JPEG、GIF 和 BMP 等。

但从图像文件优化的角度来讲，更推荐使用 PNG 格式。PNG 格式采用的是无损数据压缩算法，并且支持透明效果，当 UI 设计定稿之后，设计师都会采用此格式输出 UI 中的图标和按钮等。在 Photoshop 中，执行"文件 > 导出 > 存储为 Web 所用格式（旧版）"菜单命令，在弹出的对话框中可以选择以 PNG 格式输出图像，如右图所示。

### 1.4.4　使用高对比度配色方案

颜色是最引人注目的视觉因素，它能在第一时间吸引受众的注意力，使受众的"眼睛"得到放松或警惕。一个好的 UI 配色方案可以起到显示 UI 整体架构和明确视觉层次关系等作用。进行 UI 设计时，为了增强视觉吸引力，可以适当地使用高对比度的配色方案来处理 UI 元素。

21

如右一图所示的 UI 设计使用
蓝色作为背景色，而对需要突出
展示的区域使用反差较大的橙色
来表现，起到了一定的强调作用；
而如右二图所示的 UI 设计使用白
色作为背景色，对按钮使用同为
浅色系的黄色进行表现，并且部
分按钮上的文字颜色较浅，大大
降低了辨识度。

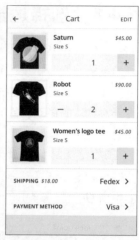

# 1.4.5　使用易读的字体

字体是 UI 设计中重要的构成要素之一，它能辅助信息的传递。在移动 UI 设计中，
字体的选择也是很重要的。除了系统默认的字体外，为了提升 UI 视觉效果，可以使用
其他字体进行表现，但是，不管选择什么类型和样式的字体，都要考虑其易读性，不要
使用造型古怪、有碍阅读的字体。

右图一所示的 UI 设计使用大
多数人熟悉的黑体来展示文字内
容，通过字号的变化表现文字的
主次关系，使用户能快速阅读并
掌握信息；而右图二所示的 UI 设
计使用的字体虽然创意性更强，
但是易读性较差，用户阅读起来
会感到吃力。

除了字体，字号也是一个比较重要的因素。在保持 UI 元素尺寸平衡性的前提下，
尽量将字号制作得够大，也能在一定程度上提高文字的易读性。例如，设置导航主标题
字号为 40 ～ 42 px，大的正文字号为 32 px，副文字号为 26 px，小字字号为 20 px。
还可以根据 App 的类型来设置字号。例如，新闻类或文字阅读类 App 更注重阅读的便
捷性，正文字号可以设置为 36 px，并且可以选择性加粗；而列表形式、工具化的 App
则可以将正文字号设置为 32 px，不加粗。

# 1.5　移动 UI 设计常用的布局方式

　　UI 页面的布局方式会直接影响一个 App 的视觉效果。好的布局方式不但能在视觉上令人感到舒适，还能帮助用户快速找到他们想要的内容。移动 UI 设计中常用的布局方式有列表式、陈列馆式、九宫格式等 8 种，下面就来分别介绍这些布局方式的特点及适用范围。

## 1.5.1　列表式布局

　　列表式布局是最经典的 UI 布局方式，其特点是内容从上向下依次排列，导航之间的跳转需要回到初始位置。列表式布局有时也会搭配一些宫格式布局。

　　列表式布局常用于新闻类 App 的 UI 设计，优点是能在较小的屏幕中显示多条信息，通过上下滑动的手势获取更多信息，并且因为内容从上向下排列，所以能展示内容较长的菜单或拥有次级文字内容的标题等。列表式布局的缺点是版面的灵活性不高，如果分类目录过多，连续滑动容易导致定位不准或触发别的栏目。右图所示为列表式布局及其应用效果。

## 1.5.2　陈列馆式布局

　　陈列馆式布局是一种比较灵活的布局方式，设计师可以平均分布网格，也可以根据内容的重要性进行不规则分布。与列表式布局相比，陈列馆式布局在同样的高度下可以放置更多的菜单，更具有流动性。陈列馆式布局适合以图片为主的单一内容浏览型的展示。

陈列馆式布局的优点是可以
直观展示各项内容，便于随时浏
览经常更新的内容。不足之处是
不适合展示顶层入口框架；当 UI
中展示的内容过多时，如果没有
处理好，很容易给人留下杂乱的
印象。我们熟悉的手机淘宝 App
就采用了陈列馆式布局呈现用户
经常浏览的类目，如右图所示。

# 1.5.3　宫格式布局

宫格式布局是移动 App 上较为常见且用户体验最佳的一种布局方式，适合入口比
较多且导航之间切换不太频繁的内容展示，也就是业务之间相对独立，没有太多的联
系。最常见的九宫格式布局为比较稳定的一行三列式。我们熟悉的携程、途牛和支付宝
等 App 都使用了九宫格式布局，这种布局井然有序且间隔合理，能带给用户较为舒服
的视觉感受。

宫格式布局的优点是能清晰
地展现各入口，并且方便用户快
速记住并查找各入口的位置。但
这种布局方式的跳转也需要回到
初始点，无法向用户介绍大概的
功能，只能点击进去才能获知，
初始状态不如列表式布局明朗，
这样就容易形成更深的路径。右
图所示为九宫格式布局及其应用
效果，看起来非常干净、整齐。

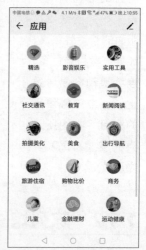

# 1.5.4　选项卡式布局

选项卡式布局的特点是会始终显示一个导航栏，用户可以通过单击导航栏中的标签
来快速切换选项卡，当前选项卡的标签会突出显示。选项卡式布局的导航栏大多数被放
在 UI 的底部，方便用户操作，但是也有少部分导航栏被放在 UI 的顶部。选项卡式布局

适用于分类少且其内容同时展示的 UI，其分类数量以 3 ～ 5 个为最佳。

　　选项卡式布局的优点是直接展示最重要的接口内容，信息分类位置固定，用户清楚当前所在的入口位置，页面跳转的层级少，可轻松在各入口间频繁跳转。不足之处则是当功能入口过多时，选项卡式布局会显得笨重、不实用。右图所示为选项卡式布局及其应用效果。

## 1.5.5　旋转木马式布局

　　旋转木马式布局的特点是重点展示一个对象，通过手势滑动按顺序查看更多的内容。旋转木马式布局适合数量少、聚焦度高且视觉冲击力强的图片展示。

　　旋转木马式布局的优点是页面内容整体性较强，聚焦度高，线性的浏览方式有顺畅感和方向感。缺点是往往因为屏幕尺寸的限制，不能展现更多精彩内容，而且由于各页面的内容结构相似，容易忽略后面的内容，并且不能跳跃式地查看间隔的页面，只能按顺序查看相邻的页面。下图所示为旋转木马式布局及其应用效果，看起来不仅简洁、大方，而且聚焦度较高。

## 1.5.6　行为扩展式布局

行为扩展式布局的特点是无需跳转页面就能在一屏内显示更多细节，适用于分类多且其内容同时展示的 UI。腾讯 QQ App 的联系人页面就采用了这种布局，如右图所示。

行为扩展式布局的优点是能减少页面跳转的层级，用户可对整个 UI 中栏目的分类有一个整体性的了解。缺点则是分类位置不固定，展开的内容较多时，跨分类跳转不方便。

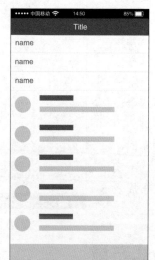 

## 1.5.7　多面板式布局

多面板式布局最大的特点是能同时呈现比较多的分类及内容，适用于分类多且需要同时展示其内容的 UI。

多面板式布局的优点在于分类位置固定，用户清楚当前所在的入口位置，对分类有整体性的了解，能减少页面跳转的层级。缺点则是内容较多，容易让人感觉拥挤，造成视觉疲劳。右图所示为多面板式布局及其应用效果。

 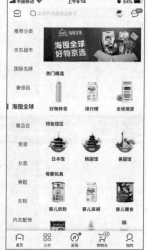

## 1.5.8　图表式布局

图表式布局，顾名思义，就是以图表的形式直观呈现信息。图表式布局能直观展示详细信息，很适用于与数据和账单有关的 UI。图表式布局的优点是直观且总体性强，用户通过图形样式就能清楚了解各项数据内容。不足之处是 UI 的大部分区域被图表占据，显示的详细信息非常有限。下图所示为图表式布局及其应用效果。

## 1.6　移动 UI 设计常用尺寸单位

　　移动设备的硬件配置千差万别，尤其是屏幕，拥有多种尺寸和分辨率。而屏幕又与 UI 设计的应用效果息息相关，如果 UI 设计的文件尺寸错误，就有可能导致显示效果不正常。下面就来讲解与移动 UI 设计相关的尺寸单位知识。

### 1.　in

　　in（inch，英寸）是长度单位。1 in 等于 2.54 cm。移动设备的屏幕尺寸非常多，通常我们所说的 ×× 手机的屏幕尺寸为 ×× in，指的是屏幕对角线的长度。下图所示为几款比较流行的手机的屏幕尺寸。

| iPhone X/Xs | iPhone XR | 华为P30 Pro | vivo X27 |

### 2. px

px 是像素的单位，是英文 pixel 的缩写。像素是构成数字影像的基本单元。一个像素点有多大，主要取决于屏幕的显示分辨率。屏幕的显示分辨率是指屏幕在水平和垂直两个方向上各拥有的像素个数。因此，相同面积、不同分辨率的屏幕，其像素点的大小就不相同。

例如，iPhone X 的屏幕分辨率为 1125 px×2436 px，就可以理解为整个屏幕是由水平 1125 个像素点、垂直 2436 个像素点组成的，如下左图所示；华为 P30 的屏幕分辨率为 1080 px×2340 px，就可以理解为整个屏幕是由水平 1080 个像素点、垂直 2340 个像素点组成的，如下右图所示。

水平方向显示
1125个像素点

水平方向显示
1080个像素点

垂直方向显示
2436个像素点

垂直方向显示
2340个像素点

### 3. ppi

ppi 是像素密度的单位，是英文 pixels per inch 的缩写。像素密度表示的是每英寸长度所拥有的像素数量，是反映移动设备屏幕清晰度的重要参数之一。像素密度越高，代表屏幕能够以越高的密度显示图像，理论上来讲就是屏幕的像素密度越高，屏幕越精细，画质相对就更出色。下图所示为像素密度 163 ppi 和 326 ppi 的屏幕显示效果对比。可以看到较低的像素密度下屏幕显示效果比较粗糙，图像有明显的颗粒感；较高的像素密度下画面的拟真度更高，图像也更加细腻。

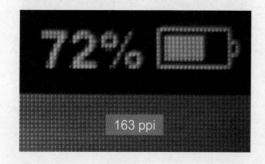

163 ppi

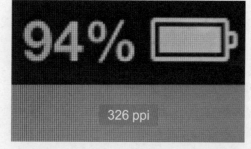

326 ppi

实践证明，当手机屏幕的像素密度低于 240 ppi 时，人眼会观察到比较明显的像素颗粒；当像素密度高于 300 ppi 时，人眼将无法察觉像素颗粒，并且在近距离阅读和观看时，视觉效果都非常细腻和清晰；当像素密度高于 400 ppi 时，图像的边角会更细腻。

像素密度的计算公式如下。

$$像素密度 = \frac{\sqrt{水平像素个数^2 + 垂直像素个数^2}}{屏幕尺寸}$$

由公式可知，屏幕的像素密度是由分辨率和尺寸共同决定的。下表所示为几款手机的屏幕尺寸、分辨率和像素密度的对比。

| 机型 | 屏幕尺寸（in） | 分辨率（px） | 像素密度（ppi） |
| --- | --- | --- | --- |
| iPhone 6/7/8 | 4.7 | 750×1334 | 326 |
| iPhone 6/7/8 Plus | 5.5 | 1080×1920 | 401 |
| iPhone X/Xs | 5.8 | 1125×2436 | 458 |
| iPhone XR | 6.1 | 828×1792 | 326 |
| iPhone Xs Max | 6.5 | 1242×2688 | 458 |
| 华为P30 Pro | 6.47 | 1080×2340 | 398 |
| 荣耀V20 | 6.4 | 1080×2310 | 398 |
| 华为Mate 20 Pro | 6.39 | 1440×3120 | 538 |
| vivo X27 | 6.39 | 1080×2340 | 401 |
| OPPO Reno | 6.4 | 1080×2340 | 402 |

#### 4. pt

pt 是英文 point 的缩写，中文意思为"点"。在常规的排版中，字号以"点"为单位。活字的大小称为"字号"，而字母的宽度称为"字宽"。

#### 5. dpi

dpi 是指图像每英寸长度内的像素点个数，是英文 dots per inch 的缩写。dpi 原来是印刷上的计量单位，意思是每英寸长度上所能印刷的网点数。但随着数字输入、输出设备的快速发展，现在也用 dpi 表示数字影像的解析度，dpi 值越高，图片越细腻。

#### 6. dp

dp 是 density-independent pixel 的缩写，它是 Android 系统开发用的长度单位。Android 系统定义了低（120 dpi）、中（160 dpi）、高（240 dpi）、超高（320 dpi）

四种像素密度，它们对应的 dp 到 px 的系数分别为 0.75、1、1.5、2，这个系数乘以 dp 长度就是像素数。

## 7. sp

sp 是 scale-independent pixel 的缩写，它是 Android 系统开发用的文字尺寸单位。Android 系统允许用户自定义文字尺寸大小（小、正常、大、超大等），当文字尺寸是"正常"时，1 sp=1 dp，而当文字尺寸是"大"或"超大"时，1 sp>1 dp。

# iOS系统特点及设计规范

# 第2章

iOS 是由苹果公司开发的移动操作系统，应用在该公司生产的 iPhone 系列手机和 iPod touch 多媒体播放设备等产品上。iOS 是当今两大主流移动操作系统之一，运行 iOS 的设备在全世界广受欢迎，因此，移动 UI 设计师非常有必要学习 iOS 系统的 UI 设计知识。

## 2.1 iOS 系统的发展历程

iOS 操作系统从 2007 年到现在已经走过了 10 多个年头，在这期间不断地演进和优化，系统的面貌也经过了几次大的更新换代。下面就来简单回顾一下 iOS 系统的发展历程。

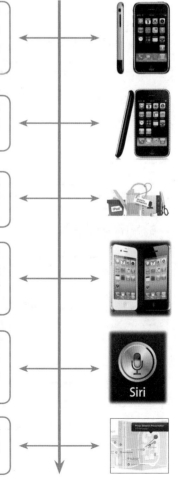

2007 年 1 月，苹果公司推出了首款 iPhone，上面搭载的操作系统是 iPhone OS 1。iPhone 的诞生打破了人们对手机的传统定义，引领手机进入了触屏时代，彻底改变了移动终端设备的格局。

2008 年 8 月，苹果公司发布了 iPhone OS 2 操作系统，并且为开发者提供软件开发包，鼓励开发者使用苹果官方提供的 SDK 开发 App。

2009 年 6 月，iPhone OS 3 操作系统发布。此系统更像是填补前两代系统的空白，并且在此系统中的 App 还出现了备受争议的新外观——拟物设计。

2010 年 6 月，iOS 4 操作系统发布，自此 iPhone OS 操作系统被正式更名为 iOS。iOS 4 是前四代 iOS 系统中外观改善最大的一代，其图标设计应用了复杂的光影效果，让整个 UI 看起来更漂亮。

2011 年 10 月，iOS 5 操作系统发布。iOS 5 的功能更新影响了整个苹果生态环境，例如，用户可以通过 iCloud 连接自己的各种苹果产品，可以通过 Siri 智能语音助手以更人性化的方式使用自己的苹果产品。

2012 年 9 月，iOS 6 操作系统发布。在这一版本中，苹果公司放弃已经合作了多个版本的 Google 地图 App，代之以自家全新设计的地图 App。

2013 年 9 月，iOS 7 操作系统发布。相比以往的 iOS 系统，iOS 7.0 是变化最大的一次，其用全新的扁平化风格取代了拟物设计。

2014 年 9 月，iOS 8 操作系统发布。苹果公司再次将旗下的桌面产品和移动平台更紧密地结合在一起，推出了"连续性"概念，这意味着用户在 iPhone 手机和 Mac 计算机上都可以阅读和编辑 iMessage 消息，或者接听电话。

2015 年 9 月，iOS 9 操作系统发布。与 iOS 8 相比，iOS 9 的整体 UI 并没有太大改变。iOS 9 可以更智能地理解时间和位置等上下文信息，从而更好地预测用户需求，给出合适的操作建议。

2016 年 9 月，iOS 10 操作系统发布。iOS 10 对 iMessage 进行了功能提升，它从此不再是一个简单的消息收发 App。贴纸和单独的"App Store"将 iMessage 转变为一个更全面的平台，并且它向第三方开发者开放。

2017 年 9 月，iOS 11 操作系统发布。这一代系统的亮点包括全新设计的控制中心和 App Store，新增的文件管理 App，原生的截屏编辑和录屏功能等。iOS 11 还添加了 AR 功能，在手机上即可享受 AR 的乐趣。

2018 年 6 月，iOS 12 操作系统发布。这一代系统最大的亮点是系统性能的更新，相比 iOS 11 的系统性能至少提升了一倍，各种日常操作，如输入文字、打开相机 App 等，都比以往更快、更流畅。

## 2.2 iOS 系统的 UI 特色

一款优秀的 App 除了在功能设计与代码质量上都能达到较高水准外，其 UI 设计还要具备操作系统的特征。因此，在为 iOS 系统的 App 设计 UI 之前，需要先了解 iOS 系统在 UI 设计上的一些特色。与其他移动操作系统相比，iOS 系统在 UI 设计上的独特之处主要体现在它始终以内容为核心、保证清晰度和明确深度层次三个方面。

## 2.2.1　以内容为核心

好的 UI 设计必然是以内容为核心的，iOS 系统就完美地做到了这一点。在 iOS 系统中，所有的 UI 设计都依从内容进行，以便用户能够快速理解内容并与之产生互动。

### 1.　充分利用整块屏幕

iOS 系统充分利用了整块屏幕，重新考量了插图和视觉框架的使用，将 App 的内容扩展到整个屏幕，让用户有更多的查看空间。iOS 系统内置的天气 App 就是一个很好的例子，漂亮、简洁的全屏式 UI 非常直观地呈现出某个地点当前天气的关键信息，并且背景会随着天气的变化而变化，如下左图和下中图所示。通过向下滑动，还可以了解到更多天气数据，如下右图所示。

### 2.　去除不必要的修饰效果

浮雕、渐变和阴影等修饰效果有时会让 UI 元素显得沉重，反而喧宾夺主。移动 UI 设计的主要目的是突出 UI 中的内容，而不是表现绚丽的效果。iOS 系统就充分做到了这一点，所有系统 UI 的设计都尽可能少地使用边框、渐变和投影，保证了内容的主体地位。右图所示为 iOS 系统内置的地图 App 的 UI，其中的 UI 元素基本没有添加修饰效果。

### 3. 利用半透明和模糊暗示更多的信息

半透明效果可以提供情境，帮助用户看到更多可用的内容，并给人以短暂停留的暗示。在 iOS 系统中，半透明元素只模糊渲染在其正背景后的内容，但屏幕上的其他部分并不会模糊。随着系统版本的不断升级，半透明的底板明度也变得更高。下图即展示了半透明 UI 元素的应用。

## 2.2.2　保证清晰度

信息的清晰呈现是 iOS 系统最明显的特点之一。纵观 iOS 系统的所有内置 App，不难发现，它们的 UI 设计不但文字非常清晰，而且图标表意明确，能够真正体现 App 的实用性。iOS 系统主要通过使用大量留白、用颜色简化 UI 和使用系统字体确保易读性等方式实现信息的清晰呈现。

### 1. 大量使用留白

在 iOS 系统中可以看到很多 App 的 UI 设计都采用大量留白的方式。留白会让重要的内容和功能更为突出、更易于理解。同时，留白还可以烘托出安静平和的氛围，这会让 App 看上去更加专注和高效。下图所示为 iOS 系统中几个内置 App 的 UI 效果，可以看到其使用了大量的留白来突出重要的信息内容。

## 2. 用颜色简化UI

iOS 系统为每一款内置 App 都选择了一种主题色，所有的 UI 配色都围绕该主题色展开。例如，播客 App 以紫色作为主题色，而健康 App 则以红色作为主题色，如右图所示。这样做的好处是能突出 App 的重点，并巧妙地暗示其交互性。同时，同一主题色还能给 App 带来一致性的视觉主题。iOS 系统的内置 App 使用了一系列纯净的系统颜色，这些颜色无论在深色还是浅色背景中都能使信息内容显得干净、纯粹。

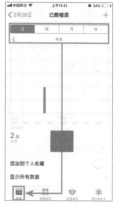

## 3. 使用系统字体以确保易读性

UI 设计最重要的作用之一是让尽可能多的人在各种条件下都能清晰地阅读内容。iOS 系统默认的字体能够自动调整字间距和行高，这会让文本内容更易于阅读，并且该字体在任意字重下都能良好显示。右图所示为 iOS 系统默认的中文字体和英文字体的应用效果。

## 4. 无边框的按钮设计

操作按钮是用户与设备实现人机交互的重要控件。相较于 Android 系统中丰富的按钮样式，iOS 系统中所有的条栏按钮都采用了无边框的设计风格，这也是 iOS 系统的特色之一。无边框按钮会在按钮的内容区域内使用情境、颜色和一个动作导向的标题来暗示其交互性。下图所示为 iOS 系统内置 App 中的按钮效果。

### 2.2.3　用深度来体现层次

　　iOS 系统会在不同的分层 UI 上显示更多的内容，并且这些清晰的视觉图层和真实的运动能够帮助用户理解 UI 对象的层级关系。在 iOS 系统的内置 App 中，连续、顺畅的触摸操作和可发现性不但可以提升用户在使用过程中的愉悦度，而且能够在明确上下文关系的前提下让用户使用某些功能或获取更多额外的信息。

　　以 iOS 系统内置的日历 App 为例，当用户在日历的年度、月份和日视图之间切换时，强烈的转场动画会给人一种纵深感和层次感。如右图所示，滚动到年度视图下，一眼就能看到当天的日期并执行其他日历任务；而当用户选中某个月份，年度视图会以放大效果消失，并随之展现月份视图，并且当天的日期仍然保持红色高亮，而年份则出现在返回按钮中，这样用户便能准确了解当前日期。通过这些转场效果，强化了年度、月份和日视图之间的层级关系。

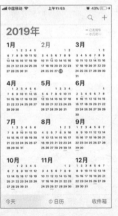

## 2.3　iOS 系统的基础 UI 组件

　　任何一个 App 的 UI 都是由许多基础组件组合而成的。iOS 系统的 UI 组件可分为栏、内容视图和临时视图三类，下面分别进行介绍。

## 2.3.1　栏

iOS 系统中的栏主要包括状态栏、导航栏、搜索栏、标签栏和工具栏等，它们的位置和功能各不相同。下面分别进行介绍。

### 1. 状态栏

状态栏出现在屏幕的上边缘，展示设备当前状态的信息，如时间、运营商、网络状态和电量等。状态栏中展示的信息取决于设备及系统设置。状态栏中的文本和图标一般有亮色（见下左图）和暗色（见下右图）两种，并且可以根据 App 的 UI 颜色在两种风格之间进行自由切换，例如，在明亮的背景中暗色风格表现较佳，反之亦然。

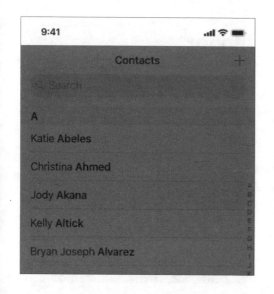 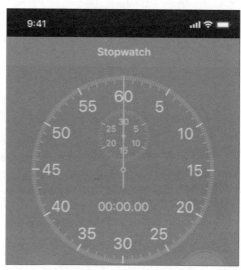

默认情况下，状态栏的背景是透明的。因此，为保持状态栏的可读性，在设计时不要在其后方放置看似可交互的内容。为避免状态栏中出现可交互的内容，通常会采用两种方法进行处理：方法一是使用导航栏，在使用导航栏后，将会自动应用导航栏的背景色作为状态栏的背景色，并能保证内容不会出现在状态栏后方，如下左图所示；方法二是在状态栏后方展示自定义的图片，如渐变色或纯色图片，如下右图所示。

### 2. 导航栏

导航栏出现在页面的顶端，其上方是状态栏。使用导航栏可以在各个页面层级中穿行。当打开一个新页面后，导航栏左侧一般会有指向上一个页面的返回按钮，按钮标题一般为上一个页面的标题。大多数情况下，导航栏中的标题可以帮助用户理解当前视图的用途。导航栏中的标题文字有标准标题（见下左图）和大标题（见下右图）两种样式。在某些 App 中，使用大标题样式对文字进行增大、加粗，能够帮助用户在浏览和搜索时定位。

当然，并不是所有的导航栏都需要添加标题文字，如果给导航栏加上标题显得多余，那么也可以留白。除此之外，有时在导航栏的右侧还会添加一些操作按钮，如"编辑"或"设置"按钮，用于在当前视图中执行一些操作。

右图所示为 iOS 系统内置的备忘录 App 的 UI，因为其内容已能清晰地表现当前所在的环境，所以就没有添加标题文字，另外，为了方便操作，在导航栏右侧设置了"编辑"按钮，用于编辑备忘录内容。

### 3. 搜索栏

在搜索栏中输入文字可以搜索相关的内容。搜索栏可单独展现，也可在导航栏或内容视图中展现。在导航栏中展现时，搜索栏可以固定在导航栏上，以便随时使用，如下左图所示。大部分搜索栏都包含一个用于清空输入框内容的清空按钮和一个用于立即结束搜索状态的取消按钮。在搜索栏中输入文字后，就会显示清空按钮和取消按钮，如下右图所示。

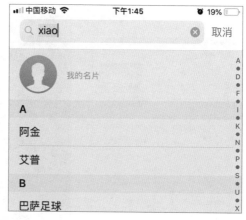

### 4. 标签栏

标签栏出现在页面的底部，用于链接多个页面，实现各页面平级切换的效果。标签栏可以包含多个标签内容，但在不同尺寸的设备中及不同的屏幕朝向时，可见的标签数量是不同的。标签栏中应避免存在过多的标签，一般而言，在 iPhone 上最好使用 3 ～ 5 个标签，在 iPad 中可以适当增加标签个数。下图所示为 iOS 系统内置的相机 App 在竖屏和横屏状态下的标签栏。标签栏中的按钮仅用于导航，不应用于执行操作，如果需要为当前页面提供一些用于操作的控件，则需要使用工具栏。

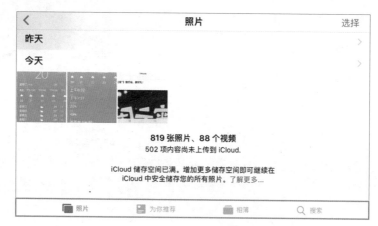

### 5. 工具栏

工具栏与标签栏一样，也出现在页面的底部，包含执行与当前视图或视图内容相关操作的按钮。当用户不需要它时，可以自动隐藏起来。例如，iOS 系统内置的 Safari 浏览器，当用户向下滚动浏览页面内容时，工具栏会被隐藏起来，以为用户提供更多浏览空间，如下左图所示；若要重新显示工具栏，则点击屏幕下方，如下中图所示；除此之外，当用户启用搜索，在虚拟键盘弹出的情况下，工具栏也会被收起，如下右图所示。

在设计工具栏中的按钮时，需要考虑是用图标还是用文字来表现。工具栏中的按钮数量超过 3 个时，适合使用图标按钮，而按钮数量小于或等于 3 个时，使用文字按钮表意会更清晰。如右图所示的日历 App 的工具栏就使用了文字按钮，通过在按钮之间设置合适的留白，增强了各按钮的辨识度。

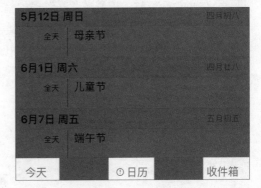

由于标签栏和工具栏都位于页面的下方，所以理解两者的区别是很重要的。标签栏让用户能够快速选择 App 的不同内容区域，如时钟 App 中的闹钟、秒表和计时器。而工具栏则包含与当前场景有关的各项操作按钮，如创建条目、删除条目、添加注释和拍照等。除了这些区别外，在同一视图中，标签栏和工具栏也不应同时出现。

## 2.3.2　内容视图

内容视图包含 App 显示的内容信息。内容视图分为表格视图、文本视图和 Web 视图，它们是具有多种功能的 UI 元素，在 App 中有着不同的用途。例如，表格视图可以用来显示简短的选项列表、详细信息的分组列表或长的项目索引列表；文本视图和 Web 视图相对来说可以不受约束地接收和显示内容。

### 1. 表格视图

表格视图以可滚动的单列多行的形式来展示数据。表格视图的特性包括：以容易进行分段或分组的单列形式展示数据；用户可以通过点击来选中某行，或者通过控件来添加、移除、多选和查看列表详情等。

　　iOS 系统定义了平铺型和分组型两种表格视图样式。在平铺型样式中，每行均可为有标签的列表项，右侧可选择添加一个垂直的索引，如下左图所示，并且可以在第一个列表项之上添加标题，在最后一个列表项之下添加脚注。在分组型样式中，行会以多个分组显示，每组均可以有标题和脚注，如下右图所示。分组型表格视图至少包含一组列表项，每组至少包含一项内容。分组型表格视图不能包含索引。

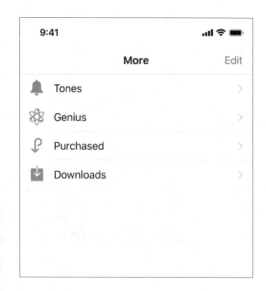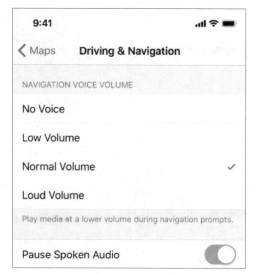

　　在表格视图下，iOS 还定义了基本（默认）、小标题、右侧详情和左侧详情四种比较常用的单元格样式。每种单元格样式都有着最适合展示的信息类型。基本（默认）样式如下图一所示，行标题左对齐，可选择在每行的左侧添加图片，在无需补充说明信息时，使用基本（默认）样式是一个不错的选择。小标题样式如下图二所示，在每行中都有两行左对齐的文字，第一行为标题，第二行为小标题，在每行的标题有较大视觉相似性时，小标题就能帮助用户较好地区分不同的行。右侧详情样式如下图三所示，在同一行上，标题左对齐，小标题右对齐。左侧详情样式如下图四所示，标题统一左对齐，标题同一行右侧为左对齐的小标题。

## 2. 文本视图

文本视图可以展示多行且有样式的文本内容。文本视图的高度可以为任意值，并且在内容超越视图的边界后可以进行滚动。默认情况下，文本视图中的文本是左对齐的，并使用系统默认的黑色字体。如果在文本视图下编辑内容，在轻点该视图时会弹出虚拟键盘。iOS 系统提供了多种类型的虚拟键盘，每种类型都为特定的输入场景而设计，为了提高输入效率，在当前文本视图中弹出的虚拟键盘应符合该文本视图中的内容。下左图所示为竖屏文本视图，因此弹出的是适合单手输入的九宫格键盘；下右图所示为横屏文本视图，因此弹出的是更好操作的全键盘。

 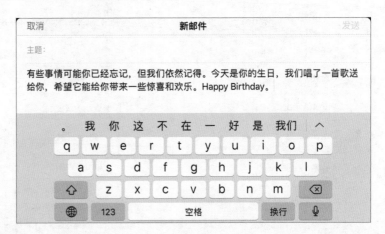

## 3. Web视图

Web 视图可以直接在 App 中加载并展示网页内容。iOS 系统内置的邮件 App 就使用了 Web 视图来展示邮件中的 HTML 内容，如下图所示，可以看到与文本视图相比，Web 视图下的内容显得更丰富。

## 2.3.3　临时视图

临时视图是 iOS 系统中一种比较特殊的视图，用于临时向用户提供重要信息，或者提供额外的功能和选项。临时视图常见的表现方式有警告框和操作列表，下面分别进行介绍。

### 1.　警告框

警告框用来传达与当前 App 或设备相关的重要信息，一般都需要反馈结果。警告框大多包含标题、可选信息和一到两个按钮等。在一个 App 中，应当严格限制警告框的个数，并且保证每一个警告框都能提供重要的信息，告知用户当前所处的情景，以及他们可以做什么等，如下图所示。

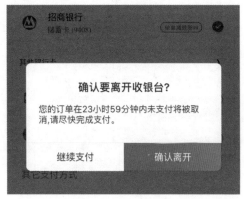

### 2.　操作列表

操作列表用于展示与用户触发的操作直接相关的一系列选项。操作列表通常会提供完成一项任务的不同方法，如下左图所示，这些操作不会永久出现在屏幕上，不占用屏幕空间。除此之外，在完成一项可能有风险的操作前，也可以利用操作列表获得用户的确认，如下右图所示。

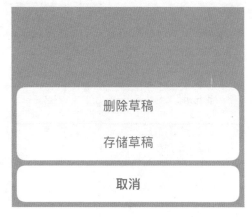

## 2.4　了解主流的 iOS 设备

从 2007 年第一款 iPhone 发布直到现在，iOS 设备的型号越来越多，屏幕尺寸的碎片化程度也越来越高。为了解决多机型的适配问题，在进行移动 UI 设计时就需要了解主流 iOS 设备的硬件参数，尤其是屏幕参数。

目前主流的 iOS 设备有 iPhone 6s/7/8（4.7 in）、iPhone 6s/7/8 Plus（5.5 in）、iPhone X/Xs（5.8 in）、iPhone XR（6.1 in）等，它们的屏幕尺寸（对角线长度）如下图所示。

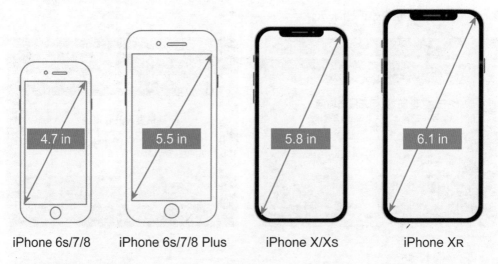

iPhone 6s/7/8　　　iPhone 6s/7/8 Plus　　　iPhone X/Xs　　　iPhone XR

只知道设备的屏幕尺寸是不够的，还需要知道它们的像素分辨率，因为这与我们用 Photoshop 做 UI 设计时新建画布的尺寸设置有关。另外，iOS 系统的 App UI 中的栏，如状态栏、导航栏、标签栏等，它们的高度也分别因机型的不同而不同。下表即列出了这些参数。

| 设备 | 分辨率<br>（px） | 状态栏高度<br>（px） | 导航栏高度<br>（px） | 标签栏高度<br>（px） |
|---|---|---|---|---|
| iPhone 6s/7/8 | 750×1334 | 40 | 88 | 98 |
| iPhone 6s/7/8 Plus | 1242×2208 | 60 | 132 | 147 |
| iPhone XR | 828×1792 | 88 | 88 | 98 |
| iPhone X/Xs | 1125×2436 | 132 | 132 | 147 |
| iPhone Xs Max | 1242×2688 | 132 | 132 | 147 |

iOS 严格规定了各个栏的高度，这是设计时必须遵守的，如下图所示。在进行 iPhone X（@2x）的 UI 设计时，我们依然可以采用 iPhone 7 的设计尺寸作为模板，

只是高度增加了 290 px，设计尺寸为 750×1624（@2x）。注意状态栏的高度由原来的 40 px 变成了 88 px，另外底部要预留 68 px 作为主页指示器的位置。

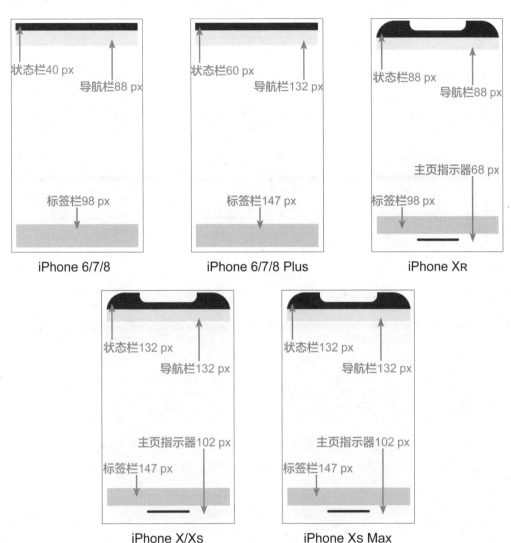

前面介绍了主流的 iPhone 设备，除此之外，苹果公司还推出了 iPad、iPad mini 及 iPad Pro 等设备。下表和下图展示了苹果公司推出的几款 iPod touch 和 iPad 系列设备的 UI 设计尺寸要求。

| 设备 | 分辨率<br>（px） | 逻辑分辨率<br>（pt） | 状态栏高度<br>（px） | 导航栏高度<br>（px） | 标签栏高度<br>（px） |
|---|---|---|---|---|---|
| iPod touch 5/6 | 640×1136 | 320×568 | 40 | 88 | 98 |

续表

| 设备 | 分辨率<br>（px） | 逻辑分辨率<br>（pt） | 状态栏高度<br>（px） | 导航栏高度<br>（px） | 标签栏高度<br>（px） |
| --- | --- | --- | --- | --- | --- |
| iPad Pro 12.9 | 2048×2732 | 1024×1366 | 40 | 88 | 98 |
| iPad Pro 11 | 1668×2388 | 834×1194 | 40 | 88 | 98 |
| iPad Pro 10.5 | 1668×2224 | 834×1112 | 40 | 88 | 98 |
| iPad 9.7 | 1536×2048 | 768×1024 | 40 | 88 | 98 |
| iPad mini 7.9 | 1536×2048 | 768×1024 | 40 | 88 | 98 |

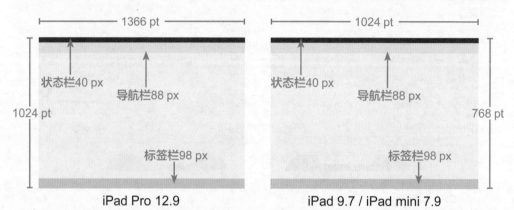

iPad Pro 12.9              iPad 9.7 / iPad mini 7.9

# 2.5  iOS 系统的 UI 设计规范

除了对 UI 中各栏的尺寸有一定要求外，iOS 系统对 UI 的文字、颜色和图标大小等也有一定要求。所以，我们还需要对相关的设计规范进行全面了解，如此才能设计出带给用户最佳使用体验的 UI。

## 2.5.1  文字

文字是 App 中最核心的元素，是产品传达给用户的主要内容。在进行 App 的 UI 设计时，需要考虑文字的字体、字号和字体样式等多个方面，使 UI 既能体现 App 自身的特点，又能很好地完成信息的传递工作。

对于用户来说，最重要的就是文字必须清晰易读。如果用户根本看不清 App 中的文字，那么字体设计得再漂亮也是徒劳。iOS 系统默认的英文字体为 Helvetica Neue，该字体现代感十足，非常紧凑利落，辨识度、清晰度和一致性较高，如下左图所示。iOS 系统默认的中文字体为苹果苹方字体，其英文为 San Francisco（SF）。苹方字体包含简体及繁体中文，共有 6 种字重，可以很好地满足日常设计和阅读的需求，如下右图所示。

Helvetica Neue 25 Ultra Light
Helvetica Neue 35 Thin
Helvetica Neue 45 Light
Helvetica Neue 55 Roman
Helvetica Neue 65 Medium
**Helvetica Neue 75 Bold**
**Helvetica Neue 85 Heavy**
**Helvetica Neue 95 Black**

苹方特细
苹方细体
苹方常规
苹方中等
**苹方粗体**
**苹方特粗**

iOS 系统默认的英文 Helvetica Neue 字体和中文苹方字体无论是小号还是大号的设计都具有高度的可辨识性和灵活性，允许用户选择其偏好的字号。但是，在一款 App 中，每个内容的重要性都是不一样的，所以在 UI 上，可以使用突出的字重、字号和颜色来表示最重要的信息。如右图所示的两个 UI 设计中，标题、副标题和详细信息分别应用了不同字号、字重和颜色等的文字进行处理，使得整个 UI 主次分明。

iOS 系统对于 App 中文字的字号没有严格的要求。在一款 App 中，字号范围一般为 20 ~ 36 px，可以根据产品的属性和内容的重要性来酌情设定字号。需要注意的一点就是所有的字号数值都必须为偶数，上下级内容的字号相差 2 ~ 4 px。不同字号的适用场景见下表。

| 字号（px） | 适用场景 | 备注 |
| --- | --- | --- |
| 36 | 少数标题 | 如导航栏标题和分类名称等 |

| 字号（px） | 适用场景 | 备注 |
|---|---|---|
| 32 | 少数标题 | 如列表店铺标题等 |
| 30 | 较为重要的文字或操作按钮 | 如列表性标题和分类名称等 |
| 28 | 段落文字 | 如列表性商品标题等 |
| 26 | 段落文字 | 如小标题模块描述等 |
| 24 | 辅助性文字 | 次要的标语等 |
| 22 | 辅助性文字 | 次要的备注信息等 |

iOS 系统虽然支持自定义字体，但自定义字体通常可阅读性不高，所以，除非有特殊需要，如品牌需求或打造沉浸式的游戏体验等，最好还是使用系统字体。如果在 UI 中要使用自定义字体，一定要确保其在不同字号下的可读性，并且在一款 App 中最好只使用一种字体。多种字体混搭容易给用户留下杂乱无章的印象，如右图所示。

如果在 UI 设计中只应用了一种字体，通过调整该字体的字重或大小可以丰富视觉效果，让信息的层次变得更清晰。在 iOS 系统内置的 App 中，大多数 UI 设计都只使用了一种字体。

## 2.5.2　颜色

颜色可以表现活力、提供视觉一致性，是为用户操作提供反馈和视觉化数据的一种非常好的方式。iOS 系统内置的 App 使用的颜色包括红色、橙色、黄色、绿色、凫蓝色、蓝色、紫色、玫红色等，如下图所示。

iOS 系统应用了鲜艳且纯度较高的颜色体系，使得它们无论是单独还是整体的效果都非常棒，并且还包含亮色和暗色两种背景。下图所示为玫红色在亮色和暗色背景中的

显示效果,可以看到无论在哪种背景下,关键信息都能通过颜色的对比得到强调。因此,在为 iOS 系统的 App 设计 UI 时,可以参考这样的颜色处理方式,使 UI 中的关键信息在亮色和暗色两种背景下都能有较好的表现。

除了鲜明、对比反差较大的纯色,iOS 系统还根据标准颜色衍生出一系列的渐变色,如下左图所示。渐变色的应用使单一的纯色色块变得丰富起来。大多数 iOS 系统内置 App 的图标均采用了渐变色的设计,如下右图所示。

除此之外,渐变色也被广泛应用到一些内置 App 的 UI 中。在 UI 中适当使用渐变色,将其与主题色区分开来,不但可以增加内容的可读性,还能让 UI 显得更漂亮。在如下图所示的健康 App 和时钟 App 的 UI 中,就可以看到渐变色的应用。在为 iOS 系统的 App 设计 UI 时,也可以遵循这些颜色特征,规范设计效果。

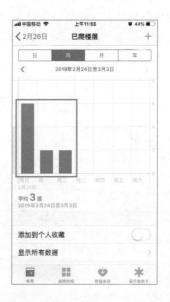

虽然 iOS 系统提供了许多纯度较高的颜色，但 App 的 UI 设计往往是从中选择一个颜色作为主题色。主题色的应用会给用户以强烈的交互性视觉指示。在备忘录 App 中，主题色为黄色，如下左图所示；在日历 App 中，主题色则是红色，如下右图所示。

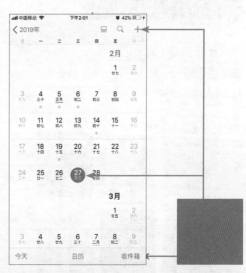

为 iOS 系统的 App 设计 UI 时，为了避免配色凌乱，也可以参考上述方式。根据 App 的特点和想要表现的整体风格为 UI 定义一个主题色，然后在保证颜色不冲突的情况下，使用其他颜色与主题色进行搭配，从而得到更协调、美观的设计效果。下图所示为 iOS 系统中的途家 App 的 UI 展示，可以看到此 App 的 UI 设计完全遵循 iOS 系统的用色规范，使用鲜艳的橙色渐变作为主题色表现重点区域，整个 UI 非常简洁、美观。

　　在 UI 设计中应用主题色时，还应当注意避免 UI 中的可交互元素和不可交互元素使用相同的颜色。因为，如果两者颜色相同，用户就会很难分辨哪里是能点击的，哪里是不能点击的。以 iOS 系统内置的通讯录 App 为例，能点击的区域为蓝色，不能点击的区域则为灰色，如下图所示。

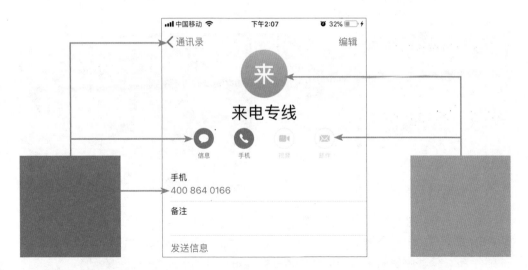

## 2.5.3　图标

　　在移动 UI 设计中，图标不是单独存在的，而是由许多不同的图标构成一个系列，它们贯穿于整个 App 的所有页面并向用户传递信息。一个 App 的一套图标应该具有相同的风格，包括造型规则、圆角大小和线框粗细等。iOS 系统中的图标多采用扁平化的设计风格，主要包含 App 图标、搜索图标、设置图标和通知图标等，下面就来介绍这些图标的设计规范。

## 1. App图标

每个 App 都需要一个美观且易于记忆的图标，这个图标即为 App 图标。对于用户而言，App 图标就是他对该 App 的第一印象，并且用户通过这个图标就能认识到这是一个什么样的 App，而无须查看 App 名称。下图所示为 iOS 系统部分内置 App 的图标。

设计 App 图标时，需要注意几个要点。首先，App 图标的设计应当做到简洁明了。通过提炼出 App 中的要素并将其表达在一个简洁、独特的形状之中，切记不能盲目添加各种细节。如果 App 图标过于复杂，其细节很有可能难以辨认。设计简洁的图标往往更容易吸引眼球，让用户第一时间就能辨认出它代表的是哪个 App。下左图中的 App 图标设计很简洁，用户可以比较轻松地识别出图标的含义；而下右图中的 App 图标对细节进行了过度美化，反而显得杂乱。

其次，由于 App 图标通常尺寸较小，所以需要细致地设计一个美观且具有代表性的 App 图标，让用户不需要花时间思考，一眼就能明白其含义。例如，iOS 系统内置的邮件 App 就直接使用了一个信封作为图标，用户看到该图标时就会自动将它与邮件联系起来，如下左图所示；而相机 App 则使用了一个简化后的相机图形作为图标，使用户一眼就能准确地判断其用途，如下右图所示。

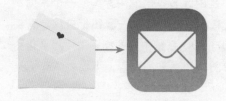

除此之外，在 Home 界面中，App 名称一般会显示在每个 App 图标的下方，所以在设计 App 图标时，不要在其中添加非必要的、重复性的 App 名称来告诉用户这是哪

个 App。如果图标中一定要包含文字，那么就需要与 App 的内容相关联。

每个 App 都应该提供用于安装完成后的 Home 界面的图标及用于 App Store 展示的大图标。iOS 系统的设计规范中对于 App 图标大小的要求见下表，设计时需要严格遵守。

| 设备及环境 | 图标尺寸 |
| --- | --- |
| iPhone（@3x） | 180 px×180 px（60 pt×60 pt @3x） |
| iPhone（@2x） | 120 px×120 px（60 pt×60 pt @2x） |
| iPad Pro | 167 px×167 px（83.5 pt×83.5 pt @2x） |
| iPad、iPad mini | 152 px×152 px（76 pt×76 pt @2x） |
| App Store | 1024 px×1024 px（1024 pt×1024 pt @1x） |

### 2. 搜索图标、设置图标和通知图标

除了应用在 Home 界面和 App Store 的图标，每个 App 都应该提供小图标以供 iOS 系统在搜索中使用。带有设置的 App 还应提供一个小图标在系统设置中使用，如下左图所示；支持通知的 App 还应为通知准备一个小图标，如下右图所示。

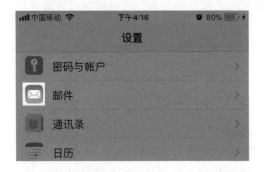 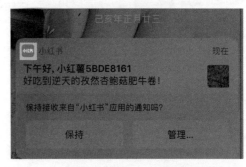

无论是搜索图标、设置图标还是通知图标，都应当让用户能辨认出图标所代表的 App。理想情况下，这些图标仅在尺寸上不同。若没有提供这些图标，iOS 系统可能会将 App 图标直接压缩显示在所需位置。搜索图标、设置图标和通知图标在不同设备上的尺寸要求见下表。

| 设备 | 搜索图标 | 设置图标 | 通知图标 |
| --- | --- | --- | --- |
| iPhone（@3x） | 120 px×120 px<br>（40 pt×40 pt @3x） | 87 px×87 px<br>（29 pt×29 pt @3x） | 60 px×60 px<br>（20 pt×20 pt @3x） |
| iPhone（@2x） | 80 px×80 px<br>（40 pt×40 pt @2x） | 58 px×58 px<br>（29 pt×29 pt @2x） | 40 px×40 px<br>（20 pt×20 pt @2x） |
| iPad Pro、iPad、iPad mini | 80 px×80 px<br>（40 pt×40 pt @2x） | 58 px×58 px<br>（29 pt×29 pt @2x） | 40 px×40 px<br>（20 pt×20 pt @2x） |

iOS 系统会自动为所有设置图标添加 1 px 的描边，以确保它们在设置的白色背景中具有良好的视觉表现，因此，在制作设置图标时，不需要再为图标添加蒙版或边框。并且，如果 App 会创建自定义的文件格式，则不需要为其制作文件格式图标，因为 iOS 系统会自动用 App 图标来为这些格式添加图标。

### 3. 自定义图标

除了以上几类图标，任何一个 App 都会用到自定义图标。设计自定义图标时，可以将图标设置为 Glyph。Glyph 常被称为模板图片，是一种带有透明度、抗锯齿且无阴影的单色图标，其使用遮罩来定义自身的形状。Glyph 可以根据环境和用户交互自动应用合适的外观，如颜色、亮度和饱和度等。如下图所示分别为 App 图标、Glyph 和 Glyph（Color applied）的效果。大多数标准 UI 元素都支持 Glyph，包括导航栏、标签栏、工具栏和 Home 界面快速操作。

在 iOS 系统中，图标的应用需要保持高度的一致性。无论是仅使用自定义图标还是将自定义图标与系统图标混合使用，一个 App 中的所有图标都应该在细节水平、视觉重量、描边粗细、位置和透视角度等方面保持一致的观感，如下图所示。

图标的设计一定要保证图标易于辨认。通常情况下，实心图标比轮廓图标更容易辨认。如果 App 中的图标必须包含线条，就要使该线条的权重与其他图标和 App 的版面设计相协调。最好不要用实心和空心来表现一个事物的两种状态，而是尽量用不同的颜色来表现。下左图所示的图标设计分别使用蓝色和灰色来表现按钮的不同状态，图标的辨识度较高；而下右图所示的图标设计则分别使用空心和实心来表现按钮的不同状态，削弱了图标的辨识度，容易误导用户。

前面讲过，图标设计的一致性不仅要保证整体风格的一致，还要保证将图标集合展示时，其视觉尺寸的一致。如果图标的观感重量不一致，则可以通过微调图标的尺寸，使所有图标看起来一样大，如下图所示。

iOS 系统允许用户为不同的应用场景设计自定义图标，不同应用场景下的图标大小要求也各不相同。

为自定义的导航栏和工具栏设计图标时，可以参照下表中的尺寸。在具体设计过程中，可以在目标尺寸和最大尺寸之间适当调整图标的大小，但不可超过最大尺寸，否则 iOS 系统可能会对图标进行裁剪，导致图标显示不完整。

| 目标尺寸 | 最大尺寸 |
| --- | --- |
| 72 px×72 px（24 pt×24 pt @3x） | 84 px×84 px（28 pt×28 pt @3x） |
| 48 px×48 px（24 pt×24 pt @2x） | 56 px×56 px（28 pt×28 pt @2x） |

标签栏中也经常用到各种矩形图标。标签栏图标分为竖屏和横屏两种情况。在竖屏状态下，标签栏图标位于标签标题之上；在横屏状态下，标签栏图标则与标签标题并排显示。根据不同的设备和屏幕朝向，iOS 系统会显示常规或紧凑的标签栏，因此，设计的标签栏图标也应当具有两种尺寸，见下表。

| 属性 | 常规标签栏 | 紧凑标签栏 | 效果展示 |
| --- | --- | --- | --- |
| 目标宽度和高度（圆形Glyphs） | 75 px×75 px（25 pt×25 pt @3x） | 54 px×54 px（18 pt×18 pt @3x） | |
| | 50 px×50 px（25 pt×25 pt @2x） | 36 px×36 px（18 pt×18 pt @2x） | |
| 目标宽度和高度（方形Glyphs） | 69 px×69 px（23 pt×23 pt @3x） | 51 px×51 px（17 pt×17 pt @3x） | |
| | 46 px×46 px（23 pt×23 pt @2x） | 34 px×34 px（17 pt×17 pt @2x） | |
| 目标宽度（宽Glyphs） | 93 px（31 pt @3x） | 69 px（23 pt @3x） | |
| | 62 px（31 pt @2x） | 46 px（23 pt @2x） | |
| 目标高度（高Glyphs） | 84 px（28 pt @3x） | 60 px（20 pt @3x） | |
| | 56 px（28 pt @2x） | 40 px（20 pt @2x） | |

## 2.5.4　边距和间距

在移动 UI 设计中，页面元素的边距和间距的设计规范是非常重要的。一个页面是否美观、简洁、通透，与边距和间距的设置紧密相关。

### 1. 全局边距

全局边距是指页面内容到屏幕边缘的距离，整个 App 的 UI 都应该以此来进行规范，以达到页面整体视觉效果的统一。全局边距的设置可以更好地引导用户竖向向下阅读。在实际应用中应该根据不同的产品气质采用不同的边距。常用的全局边距有 20 px、24 px、30 px、32 px 等，其特点是数值全为偶数。iOS 系统中的"设置"和"通用"页面使用的是 30 px 的边距，如下图所示。

 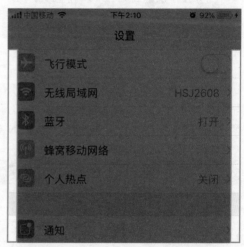

当然，除了这些常用的边距外，还有更大或更小的边距，在设计时可以根据实际需求适当调整。通常情况下，页面的左右边距最小为 20 px，这样的边距可以展示更多内容，不建议比 20 px 还小，否则会使内容过于拥挤，给用户的浏览带来视觉负担。

### 2. 卡片间距

在 iOS 系统中，卡片式布局是非常常见的布局方式。卡片的间距可以根据 UI 的风格及卡片需要承载的信息量来调整。通常情况下，卡片间距不能小于 16 px，使用最多的间距是 20 px、24 px、30 px、40 px。间距过小会造成用户的紧张情绪，间距过大则会使页面变得松散。另外，间距的颜色设置可以与分隔线一致，也可以更浅一些。

如右图一所示的 iOS 系统的设置页面，因为无需承载太多信息，所以采用了较大的 70 px 作为卡片间距，这样更有助于减轻用户的阅读负担；而如右图二所示的通知中心承载了大量信息，过大的间距会让浏览变得不连贯且 UI 视觉松散，因此其采用了较小的 16 px 作为卡片间距。

卡片间距的设置是灵活多变的，在进行移动 UI 设计时，应根据产品的特点和实际需求去设置。移动 UI 设计新手在平时可以多截图测量各类 App 卡片间距的具体数值，看得多了并融会贯通，设置卡片间距时就会更加得心应手。

### 3.　内容间距

任何一款 App 的 UI 中，除了各种栏和控件以外就是内容了。内容的布局形式多种多样，在设计 UI 时就需要注意这些内容的间距。设置内容间距时要考虑邻近性原则。该原则认为单个元素的间距会影响我们感知它们是否是组织在一起的，以及组织的方式，互相靠近的元素看起来属于一组，而距离较远的元素则自动划分到组外，简单来说，就是距离越近，关系就显得越紧密。

右一图中的圆形在水平方向的间距比垂直方向的间距小，就容易被看成 4 行圆点；而右二图中的圆形在垂直方向的间距比水平方向的间距小，则容易被看成 4 列圆点。

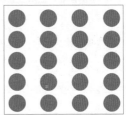

在 UI 设计中进行内容布局时，一定要重视邻近性原则的运用，为联系更紧密的内容设置较小的间距，而为联系不大或没有联系的内容设置较大的间距。左一图的 UI 中，文字与上方图片距离较近，与下方图片距离较远，用户能很轻松地判定文字是对上方图片的说明；而左二图的 UI 中，文字被放在中间，用户就很难分辨出它是对上方图片的说明还是对下方图片的说明。

# 第3章

## Android系统特点及设计规范

Android 是由 Google 开发的移动操作系统，其在 UI 元素的设计上也采用了一定的扁平化设计风格，通过一些创意性设计带来更优质的用户体验。本章将从 Android 系统的优势开始讲解，分析该系统的构成组件和设计规范。

## 3.1 Android 系统的优势

Android 系统是当前除苹果公司的 iOS 系统外另一个主流的移动操作系统，其具有开放性和 UI 设计自由度高、硬件选择丰富等优点，因而受到用户的广泛喜爱。下面简单介绍 Android 系统的优势。

### 1. 开源特性，获得众多厂商支持

众所周知，Android 系统是开源的，即 Android 系统的源代码可以被公众使用，并且对源代码的修改和发行不受许可证的限制。

Android 系统的开源意味着任何移动终端厂商都可以加入 Android 联盟，这一点得到了全世界各大手机厂商的支持。手机厂商可以利用源代码进行二次开发，在原生系统的基础上打造出个性化的系统，从而缩短开发周期，降低开发成本。例如，国产的 EUI 系统就是基于 Android 原生系统深度开发而成的。下左图所示为 Android 原生系统的 UI 效果，下右图所示为 EUI 系统的 UI 效果。

### 2. 超高的自由度

说到 Android，我们就不得不提它那超高的自由度。Android 系统具有多种简单实

用的 widget，也就是俗称的桌面插件，用户可以根据自己的喜好或使用习惯，利用桌面插件定制专属桌面，如右图所示。除此之外，Android 系统还允许用户自定义系统主题、设置自定义的功能应用等。因此，Android 系统的 UI 可谓千变万化，相比 iPhone 缺少变化的 UI 来说更具有吸引力。

### 3. 丰富的产品选择

基于 Android 系统的开放性，众多的手机厂商不断地推出新产品，为用户提供了更多选择。下表所示即为不同品牌、不同屏幕大小的 Android 系统手机。

| 三星Galaxy S10 | vivo X23 | OPPO R17 Pro | 华为Mate 20 Pro |
| --- | --- | --- | --- |
| 6.1 in | 6.41 in | 6.4 in | 6.39 in |
| 3040 px×1440 px | 2340 px×1080 px | 2340 px×1080 px | 3120 px×1440 px |
| | | | |

不同品牌和硬件配置的 Android 系统手机在功能上会存在一定的差异，但数据的同步和 App 的兼容性不会受到影响。右图所示分别为运行 Android 系统的华为手机和小米手机中微信App 的"朋友圈"页面 UI 设计，可以看到虽然在布局和样式上有一些小的差异，但 Android 系统的兼容性保证了整体显示效果的一致。

### 4. 无缝结合的Google服务App

由于 Android 系统是由 Google 主导研发的，因此，Android 系统内置了优秀的 Google 服务 App，如下左图所示，能带给用户最快、最新的网络体验。如下中图和下右图所示为 Google 服务 App 中 Google Search 的 UI 效果。

## 3.2 Android 系统 UI 设计的演变历程

从 2007 年 Android 1.0 诞生并发展到今天，Android 系统一共经历了大大小小的 20 多个版本。随着 Android 系统的不断升级，其 UI 设计也发生了翻天覆地的变化，下面就来简单回顾一下 Android 系统 UI 设计的演变历程。

## 3.2.1 锁屏

最开始的 Android 系统手机是带有实体按键的，所以解锁方式是按一下 Menu 键进行解锁。Android 2.0 加入了类似 iOS 的滑动解锁，如下左图所示。但是 2011 年苹果公司取得了滑动解锁的专利，Android 系统就放弃了滑动解锁，在 Android 3.0 中改用了圆弧形的解锁方式，如下中图所示。在之后版本的 Android 系统中，锁屏界面只是稍微改动了字体，解锁方式并没有大的改变，如下右图所示。

## 3.2.2　桌面

从 Android 系统首次发布到 Android 2.2，Android 系统使用的配色以白色为主，下左图所示为 Android 0.9 的桌面效果。Android 2.3 之后系统配色逐渐由白色转变为灰色，最后发展到黑色，如下中图所示。在 Android 2.1 之后，Android 系统开始引入动态壁纸，而 Android 4.4 中还引入了透明导航栏和状态栏的设计，如下右图所示。至于桌面插件，变化一直不大。

## 3.2.3　Android 应用商店

应用商店是用于展示和下载手机适用的 App 的一个平台。最开始 Android 应用商店叫 Android Market，如下左图所示。Android 3.5 中的 Android Market 如下中图所示。2012 年 3 月，Android Market 与 Google Music、Google 图书、Google Play Movie 集

成，更名为 Google Play。自此，Android 系统的应用商店也从最开始的简单文字列表式的排版和 UI 设计，一路发展成为 Android 系统中最美观的 App 之一。目前，Google Play 商店中已经有超过 100 万款 App，如下右图所示。

 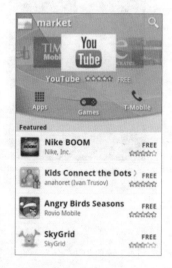 

## 3.2.4　通知面板

Android 0.5 的通知面板配色以白色和灰色为主，从 Android 0.9 开始，通知面板采用灰色作为主题色，如下左图所示。Android 3.0 之后，通知面板有了较大的变化，不但引入了黑色的配色，还加入了快捷开关，大大增加了实用性。Android 4.0 的通知面板如下中图所示。自此之后，Android 系统的通知面板就没有太大变化了，只是对一些小细节做适当的调整，如下右图所示为新版的通知面板。

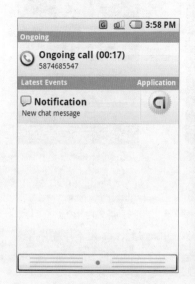 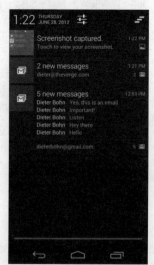 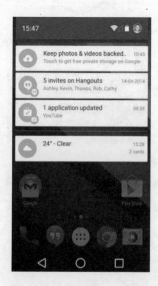

## 3.2.5　图库

从 Android 0.9 开始，Android 系统的图库设计比较像是传统的相框展示方式，如下左图所示。从 Android 2.1 开始，图库采用了类似画廊展示的表现方式，用户可通过左右滑动来浏览相册中的照片，如下中图所示。在 Android 3.0 之后，图库中加入了云端相册的同步功能，自此之后，图库的 UI 基本没有变化。但在最近几个版本的 Android 系统中，图库被 Google Photos 取代，引入了白色的配色，如下右图所示，视觉效果更加清新。

 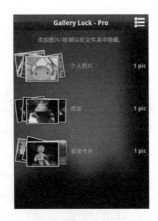 

## 3.2.6　音乐播放器

最开始 Android 系统中音乐播放器的 UI 设计非常简单，且没有较大的功能体现。在 Android 2.0 之前，Android 系统的音乐播放器都是采用黑色的配色方案，如下左图所示。在 Google Play Music 4.0 推出之后，Android 系统的音乐播放器才有了一定的发展，如下中图所示，自此 Google Play Music 的 UI 和功能也开始变得越来越完善。如下右图所示为最新版本的音乐播放器，采用了浅色配色方案，整洁的 UI 更有利于用户选择与播放音乐。

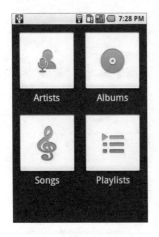  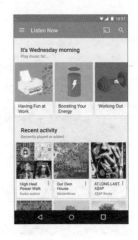

## 3.2.7　拨号界面

　　Android 系统的拨号界面变化比较明显，从最开始的方形按键到圆形按键，再从圆形按键又重新回到方形按键。由于早期的 Android 系统手机都配备有实体拨号键，所以在 Android 2.0 之前，Android 系统的拨号界面是没有设置拨号键的，如下左图所示。从 Android 2.0 开始，拨号键才开始出现在屏幕上，如下中图所示。如下右图所示为 Android 9.0 的拨号界面，可以看到，Android 系统的拨号界面总体上朝着越来越简洁的方向发展。

## 3.2.8　设置界面

　　早期的 Android 系统的设置界面基本是以简单的列表形式展现，单纯地罗列文字说明，看起来十分烦琐，而且不直观，如下左图所示。在 Android 2.0 之后，Android 系统对设置界面进行了改进，加入了图形化的设计，如下中图所示。使用简明直观的图标替代烦琐的文字罗列，不但使 UI 变得更加美观，而且也更便于用户理解各项设置内容。随着 Android 系统版本的不断升级，设置界面的设计也越来越趋于简洁明了，如下右图所示。

# 3.3　Android 系统 UI 的构成

Android 系统为构建 App 提供了基础的框架，主要包括主屏幕、全局设备导航和通知系统。这些框架的应用对于保持 UI 的统一性和美观性有着至关重要的作用。本节就来讲解一下 Android 系统的架构和 UI 组件。

## 3.3.1　主屏幕和任务列表

在 Android 系统中，主屏幕是一个可以自定义放置 App 图标和桌面插件的地方。如下左图所示为 Android 系统的锁屏界面，在此界面中解锁后，就会切换到如下中图所示的主屏幕。主屏幕下方会显示收藏栏，用户一般会将使用频率较高的 App 图标放置在收藏栏中，通过左右滑动可以切换主屏幕的页面，但是无论怎么切换，收藏栏都会显示在主屏幕下方，如下右图所示。此外，位于主屏幕底部的主导航栏会始终显示。

主导航栏包括返回键、HOME 键和多任务键。返回键主要用于返回上一级页面；HOME 键主要用于快速返回主屏幕；多任务键主要用于打开任务列表，列表中会显示用户最近使用过的 App，如右图所示。通过上下滑动的方式可以从列表中删除 App。

## 3.3.2　系统栏

系统栏是屏幕上专门用于显示通知和设备通信状态以及进行设备导航的区域。通常，系统栏会一直和 App 一起显示。而当 App 需要全屏显示，如播放电影和浏览图片时，可以临时隐藏系统栏，免去不必要的干扰。

在 Android 系统中，系统栏包括状态栏、主导航栏和组合栏。如下左图所示为状态栏和主导航栏的位置。主导航栏位于屏幕底部，在上一小节已经介绍过。状态栏位于屏幕顶部，其中除了会显示时间、电量和信号强度外，还会显示等待操作的通知，从状态栏向下滑动则可以显示通知面板，看到通知的细节。如下右图所示为组合栏的位置，组合栏一般在平板设备上出现，它将状态栏和导航栏结合在一起。

## 3.3.3　通知面板

通知面板用于显示一些简要的通知消息，包括升级、提醒及一些重要但不至于直接打断用户操作的消息。从状态栏向下滑动就可以打开通知面板，在通知面板中点击消息将会打开相应的 App。

大多数通知面板都有一个单行的标题和单行的信息，所以在设计通知内容时，大多推荐两行的布局。如果需要，也可以增加第三行。左右滑动通知面板中的一条消息，可以将它从通知面板中移除，如右图所示。

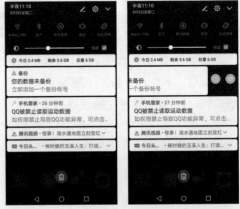

## 3.3.4　通用 UI 组件

在 Android 系统中，大多数典型 App 的 UI 都是由操作栏、视图控制按钮和 App 内容区域等多个部分组成的。

操作栏一般包含主操作栏和副操作栏。主操作栏是 App 的命令和控制中心，它位于 UI 顶部，包括 App 内的导航和最主要的操作；副操作栏则提供了放置更多操作的空间，其既可以放在主操作栏下面，也可以放在屏幕底部。下左图所示的 UI 中同时有主操作栏和副操作栏，而下右图所示的 UI 中则只有主操作栏。

视图控制按钮和内容区域的位置如右图所示。视图控制按钮用于在 App 提供的视图之间切换。视图通常由不同的数据和不同的功能组成。除了操作栏和视图控制按钮，UI 中面积最大的就是内容区域，它是 App 主要内容的显示区域，我们在 App 中所做的大部分操作都可以通过内容区域直接反映出来。

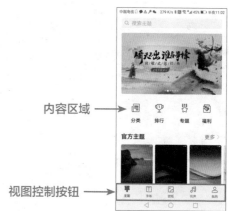

# 3.4　Android 系统的 UI 设计规范

与 iOS 系统一样，Android 系统也对 App 的 UI 设计制定了一整套规范，如度量单位的设置、字体的选择、颜色的设置等。下面就来详细讲解 Android 系统的 UI 设计规范。

## 3.4.1　度量单位和像素密度

Android 设备之间除了屏幕物理尺寸不同，屏幕的像素密度（dpi）也不同。为了降低为不同屏幕设计 App 的复杂度，Android 系统的 UI 设计规范将设备按照大小和像素密度分类。按设备大小分为手持设备（小于 600 dp）和平板（大于等于 600 dp）；按像素密度分为 mdpi、hdpi、xhdpi 等。Android 系统为不同的像素密度提供了不同资源，使 App 在各种设备上都能有理想的展示效果。不同密度等级对应的像素密度和屏幕分辨率见下表。

| 密度等级 | mdpi | hdpi | xhdpi | xxhdpi | xxxhdpi |
|---|---|---|---|---|---|
| 像素密度<br>（dpi） | 160 | 240 | 320 | 480 | 640 |
| 屏幕分辨率<br>（px） | 320×480 | 480×800 | 720×1280 | 1080×1920 | 3840×2160 |

为了保证同一设计在不同屏幕密度等级的手机上显示效果一致，Android 系统定义了 dp 和 sp 两个单位。dp 是长度单位，相当于比例换算单位，使用该单位可以保证控件在不同密度等级的屏幕上按照比例解析显示成相同的效果；sp 是字体单位，和 dp 类似，也是为了保证文字在不同密度等级的屏幕上显示相同的效果。

当屏幕密度等级为 mdpi（160 dpi）时，1 dp=1 px，1 sp=1 px。按照这两个公式的换算，同样 dp 大小的图片在不同屏幕密度等级的手机上基本可以保证显示效果相同。不同屏幕密度等级的换算和倍数关系见下表。

| 密度等级 | mdpi | hdpi | xhdpi | xxhdpi |
|---|---|---|---|---|
| 倍数关系 | 1x | 1.5x | 2x | 3x |
| 标注单位（dp） | 44×44 | 44×44 | 44×44 | 44×44 |
| 实际显示（px） | 44×44 | 66×66 | 88×88 | 132×132 |
| 效果展示 | | | | |

总体来说，可触摸控件都是以 48 dp 为单位的。一般情况下，48 dp 在设备上的物理大小是 9 mm，这刚好在触摸控件推荐的大小范围（7～10 mm）内，而且这样的大小，用户用手指触摸起来也比较准确、容易。如果我们设计的 UI 元素都至少有 48 dp 的高度和宽度，那么就可以保证它们在任何屏幕上显示时都不会小于最低推荐值 7 mm，这样也就可以在信息密度和 UI 元素的可操作性之间取得较好的平衡。下图所示为 Android 系统中按钮、图标、边界和其他元素的间距设计标准。

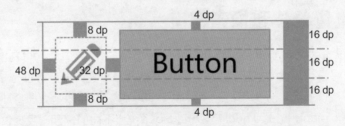

## 3.4.2　UI 尺寸

受到开源特性影响，Android 设备的碎片化比较严重，屏幕大小和分辨率也是各不相同，但是在目前的 Android App 设计项目中，并不会为每一种分辨率都设计一套 UI，这样做虽然是比较理想的，但是会花费太多时间，显然不是一个正确的选择。因此，在为 Android 系统的 App 设计 UI 时，通常是选择一个合适的分辨率，再通过适当调整，使其能适配不同的 Android 设备。

根据前面的介绍，在 xhdpi 这个屏幕密度等级下，倍数关系为 2，因此，在进行 UI 设计时，大多会选择 720 px×1280 px 作为设计稿尺寸。这样在向上或向下适配时，UI 调整的幅度最小。在 Photoshop 中执行"文件 > 新建"菜单命令，打开"新建文档"对话框，在对话框右侧就可以指定设计稿的尺寸，如下图所示。

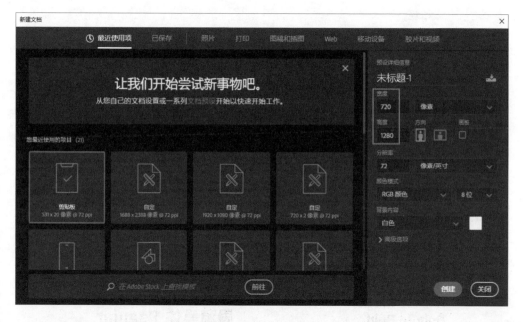

随着 Android 系统手机屏幕和像素密度的增加，现在也有一些设计师会使用 1080 px×1920 px（xxhdpi）作为设计稿尺寸，要注意的是，以此尺寸设计的作品容易增大 App 安装包的大小。下表和下图给出了 720 px×1280 px 和 1080 px×1920 px 这两个主流设计稿尺寸下的组件尺寸。

| 分辨率（px） | 密度等级 | 状态栏高度（px） | 主操作栏高度（px） | 导航栏高度（px） |
| --- | --- | --- | --- | --- |
| 720×1280 | xhdpi | 50 | 96 | 96 |
| 1080×1920 | xxhdpi | 60 | 144 | 150 |

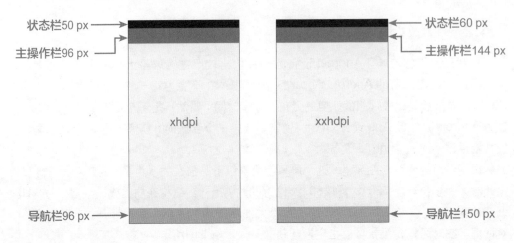

### 3.4.3　字体

　　Android 系统的字体设计基于传统的印刷排版技术，如字体缩放、字间距规则和对齐网格。这些技术的成功运用，使用户可以快速理解屏幕上的信息。Android 系统默认的英文字体是专为高分辨率屏幕设计的 Roboto 字体家族。当前的 TextView 控件默认支持普通、加粗、斜体和加粗斜体这几种样式，如下左图所示。

　　Android 系统默认的中文字体则为思源黑体，该字体文件有 2 个名称—— "source han sans" 和 "noto sans CJK"。思源黑体是 Adobe 和 Google 领导开发的开源字体，有 7 种字重，如下右图所示。这套字体美观性比较强，包含简体（SC）和繁体（TC）两个版本，并针对常规和粗体两种字体推出了 HW（等宽）版本，文字宽度一致，主要是英文字形上的差异。

| | |
|---|---|
| Roboto Thin<br>Roboto Light<br>**Roboto Regular**<br>**Roboto Medium**<br>**Roboto Bold**<br>**Roboto Black**<br>Roboto Condensed Light<br>Roboto Condensed<br>**Roboto Condensed Bold** | 思源黑体 ExtraLight<br>思源黑体 Light<br>思源黑体 Normal<br>思源黑体 Regular<br>思源黑体 Medium<br>思源黑体 Bold<br>思源黑体 Heavy |

　　Android 系统的默认字体颜色为 Text Color Primary 和 Text Color Secondary。在 Light 主题中则使用 Text Color Primary Inverse 和 Text Color Secondary Inverse，如右图所示。在系统主题中还支持几种不同的触摸反馈的字体颜色。

Text Color Primary Dark
Text Color Secondary Dark

**Text Color Primary Light**
Text Color Secondary Light

字号的变化可以创造出有序和易于理解的布局。但是，在同一个页面中并不是字号变化越丰富，得到的效果就越好，过多的字号变化反而容易造成混乱，有碍阅读。Android 系统对 UI 中文字的字号、字重和行距等也有一定的规范，见下表。在进行 UI 设计时，需要遵循这些规范，以使内容得到较好的展示。

| 样式 | 字重 | 字号（sp） | 行距（dp） | 字间距（dp） |
| --- | --- | --- | --- | --- |
| 应用栏 | Medium | 20 | — | — |
| 按钮 | Medium | 15 | — | 10 |
| 大标题 | Regular | 24 | 34 | 0 |
| 标题 | Medium | 20 | 34 | 5 |
| 副标题 | Regular | 17 | 28 | 10 |
| 正文1 | Regular | 15 | 23 | 10 |
| 正文2 | Bold | 15 | 26 | 10 |
| 标注 | Regular | 13 | — | 20 |

除了 Android 系统默认的字体，也可以使用更具个性的自定义字体。不管使用哪种字体，在同一个 App 或同一个页面中都应尽量使用同一类型或风格的字体。如右图所示的 UI 就严格遵循了 Android 系统的文字设计规范，使用同一类型的字体展示页面内容，保证了美观性。

## 3.4.4　颜色

Android 系统中的颜色运用大多是从当代建筑、路径、人行横道及运动场馆中获取灵感，由此引发出大胆的颜色表达，从而与单调乏味的周边环境形成较鲜明的对比，强调大胆地使用阴影与高光，引出意想不到且充满活力的配色，如下图所示。

为 Android 系统中的 App 设计 UI 时，可以使用不同颜色来强调信息。选择合适的设计颜色，能够获得不错的视觉对比效果。Android 系统对 UI 元素的颜色也有一定的约束，如下图所示为 Android 系统中的颜色运用规范。

| #33B5E5 | #AA66CC | #99CC00 | #FFBB33 | #FF4444 |
|---------|---------|---------|---------|---------|
| #0099CC | #9933CC | #669900 | #FF8800 | #CC0000 |

需要注意的是，色弱人士可能无法分辨红色和绿色，所以在设计颜色时也应当考虑到。如下图所示即为不同颜色在按钮设计中的表现效果。

| Focused | Focused | Focused |
|---------|---------|---------|
| Focused | Focused | |

蓝色是 Android 系统调色板中的标准颜色。为了让 UI 中的颜色丰富起来，并且表现出 UI 元素之间的对比和层次，Android 系统又为每一种颜色设定了相应的渐变色板，如右图所示。

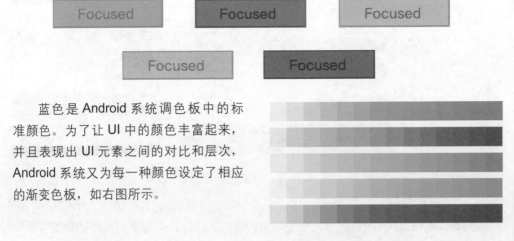

为 Android 系统中的 App 设计 UI 时，要注意有关颜色的三个关键词，分别是大面积色块、强调色和主题色。接下来就对这三个关键词进行进一步讲解。

## 1. 鼓励使用大面积色块

Android 系统十分鼓励设计师使用较大面积的色块来让 UI 中的特定区域变得更醒目。例如，UI 中的工具栏就经常使用纯色的色块作为背景色，并且大多是纯度较高的基础色，这个颜色也是整个 App 的主要颜色。如下左图所示的 UI 使用了大面积的红色色块，而如下右图所示的 UI 则使用了大面积的绿色色块。

## 2. 合理使用强调色

强调色在任何一个 UI 中都是必不可少的。鲜艳的强调色大多用于 UI 中的主要操作按钮及组件，如开关或滑块等；此外，UI 中左对齐的部分图标或章节标题也可以使用强调色进行展示，如下图所示。如果使用的强调色相对于背景色太深或太浅，那么也可以选择一个更浅或更深的备用颜色作为强调色。

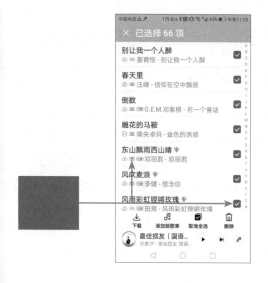 

### 3. 确定主题色

主题是为 UI 提供一致性色调的方法。为 Android 系统中的 App 设计 UI 时，需要先为其设定一个主题色，让整个 App 的 UI 颜色围绕这个主题色展开。一般情况下，为了保持 App 间的一致性，会提供深色和浅色两种主题，如右图所示。

# 3.4.5　图标

图标是具有明确指代含义的计算机图形，它为 UI 中的一个操作或一种状态提供了第一印象。因为 Android 设备有很多尺寸，所以图标的设计也是大小不一。一般情况下需要先设计出一个尺寸的 UI 设计稿，然后由设计师将 UI 设计稿中的图标切出，以适配不同尺寸设备的 UI。

Android 系统中的图标相对 iOS 系统来说较少，主要分为启动图标、操作栏图标、小图标/上下文图标和通知图标四种。下表总结归纳了各类图标的设计规范。

| 屏幕分辨率（px） | 启动图标（px） | 操作栏图标（px） | 小图标/上下文图标（px） | 通知图标（px） | 最细画笔（px） | 图标比例 |
| --- | --- | --- | --- | --- | --- | --- |
| 320×480 | 48×48 | 32×32 | 16×16 | 24×24 | 不小于2 | @1x |
| 480×800<br>480×854<br>540×960 | 72×72 | 48×48 | 24×24 | 36×36 | 不小于3 | @1.5x |
| 720×1280 | 96×96 | 64×64（图标区域）<br>48×48 | 32×32（图标区域）<br>24×24 | 48×48（图标区域）<br>44×44 | 不小于4 | @2x |
| 1080×1920 | 144×144 | 96×96 | 48×48 | 72×72 | 不小于6 | @3x |
| 2160×4096 | 192×192 | 128×128 | 64×64 | 96×96 | 不小于8 | @4x |

### 1. 启动图标

启动图标显示在主屏幕和"所有应用"中，代表一个 App。因为 Android 系统可以自由设置主屏幕的壁纸，所以要确保启动图标在任何背景中都清晰可见。启动图标的设计要简洁友好，即便是将很多含义精简设计到一个很简单的图标上表达出来，也应当让用户一眼就能大概知道 App 的作用。如下左图所示的启动图标均采用了比较直观的设计方式，用户只需一眼就能知道这个 App 是用来干什么的；而如下右图所示的图标为了让设计更加新颖，采用了更加灵活的设计方式，但是用户仍能通过图标大致了解 App 的功能。

启动图标的设计应当严格遵循 Android 系统的总体风格，这个准则并非是要限制图标的设计，而是为了让设计出来的图标形成更统一的视觉效果。Android 系统主屏幕上的启动图标大小必须是 48 dp×48 dp，并且不要留白，而在 Google Play 商店中显示的启动图标大小必须是 512 px×512 px。启动图标样式一般使用一个独特的剪影，即采用三维的正面视图，看起来稍微有点从上往下的透视效果，使用户能看到一些景深，如下图所示。

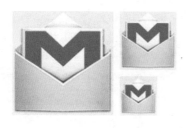

Android 系统不像 iOS 系统那样已经统一好圆角功能，所以在设计图标时要注意不同尺寸的图标圆角也不同，见下表。

| 图标尺寸<br>（px） | 48×48 | 72×72 | 96×96 | 144×144 | 192×192 | 512×512 |
|---|---|---|---|---|---|---|
| 圆角（px） | 8 | 12 | 16 | 24 | 32 | 90 |

### 2. 操作栏图标

操作栏图标是一个图像按钮，用于表示用户在 App 中可以执行的重要操作。操作栏图标的覆盖范围非常广泛，在导航栏、工具栏和操作栏中都会用到。

部分常用的操作栏图标如右图一所示。设计操作栏图标时需要考虑安全区域。以 320 px×480 px 的屏幕大小为例，操作栏图标的整体大小应为 32 dp×32 dp，实际图标区域大小为 24 dp×24 dp，外侧区域为安全区域，如右图二所示。

操作栏图标的设计要简单、形象，不需要小细节，并且线宽度不应低于 2 dp。如果图标是瘦长型的，将它转 45° 再填满内容区。操作栏图标在浅色主题中的颜色为 #333333，在可用状态下不透明度为 60%，在禁用状态下不透明度为 30%；在深色主题中的颜色为 #FFFFFF，在可用状态下不透明度为 80%，在禁用状态下不透明度为 30%。如下图所示为操作栏图标在浅色和深色主题下的效果。

### 3. 小图标/上下文图标

在 UI 的主体区域中，一般使用小图标表示操作或特定的状态。例如，在 Gmail App 中，每条信息都有一个星形用来标记重要内容，这个星形就是一个小图标，如右图所示。

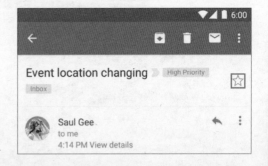

小图标／上下文图标大多采用中性、平面和简单的设计方式表现，如下左图所示。由于小图标的尺寸较小，所以一般会使用颜色填充图标而不用细线条勾勒。使用简单的视觉效果，使用户能更容易理解图标的含义。设计小图标时同样需要考虑安全区域。以 320 px×480 px 的屏幕大小为例，小图标的整体大小应为 16 dp×16 dp，实际图标区域大小只有 12 dp×12 dp，如下右图所示。

### 4. 通知图标

如果设计的 App 会产生通知，那么就需要提供一个通知图标。每当有一条新的通知时，这个图标就会显示在状态栏上，当用户从状态栏向下滑动时，就会显示详细的通知内容，如下图所示。

通知图标应使用简单且平面化的风格，并需要和 App 的启动图标在视觉上相似。

如右图一所示为部分 App 的通知图标。一般情况下，通知图标须为单色的，Android 系统会根据情况对其进行缩放或加深处理。通知图标的整体大小为 24 dp×24 dp，图标区域尺寸为 22 dp×22 dp，如右图二所示。

# 第4章

# Photoshop常用功能

Photoshop 是一款功能丰富而强大的设计软件，然而在移动 UI 设计中并不会用到所有的功能。本章就来讲解在移动 UI 设计中常用的 Photoshop 功能，包括图形的绘制、文本的添加与编辑、图像的选择与合成、样式的设置等。

## 4.1 图形的绘制

移动 UI 设计离不开图形，每个完整的 UI 或多或少都含有图形元素。Photoshop 提供了多种用于绘制图形的工具，使用这些工具可以轻松创建 UI 中的按钮、导航栏、图标等元素。下面就来讲解如何在 Photoshop 中绘制移动 UI 中的图形元素。

### 4.1.1 基础图形的绘制

在绘制移动 UI 中的单个元素时，首先需要将其外形轮廓描绘出来。在 Photoshop 中可以使用"矩形工具""圆角矩形工具""椭圆工具""多边形工具""直线工具"，完成矩形、圆形、多边形、直线段等基础图形的绘制。按住工具箱中的"矩形工具"按钮不放，在展开的面板中即可选择这些工具，如右图所示。

| | | |
|---|---|---|
| ▪ ☐ 矩形工具 | | U |
| ☐ 圆角矩形工具 | | U |
| ○ 椭圆工具 | | U |
| ⬡ 多边形工具 | | U |
| ╱ 直线工具 | | U |
| ✦ 自定形状工具 | | U |

#### 1. 绘图模式的选择

在 Photoshop 中使用形状工具绘制图形时，可以在工具的选项栏中选择形状、路径、像素 3 种绘图模式，如右图所示。下面就来认识这 3 种绘图模式。

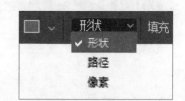

#### ■ "形状"模式

选用"形状"模式绘制图形时，会在"图层"面板中生成一个单独的形状图层。形状图层包含定义形状颜色的填充图层及定义形状轮廓的链接矢量蒙版。在此模式下绘制图形后，可以利用选项栏中的"填充"和"描边"选项来更改图形的填充颜色或描边颜色等，如下图所示。

■ "路径"模式

选择"路径"模式进行绘制时，不会在"图层"面板中生成新的图层，但是在"路径"面板中会显示绘制的路径效果，并且会在图像窗口中显示绘制的路径轮廓。在此模式下绘制路径后，可以利用选项栏中的选项将其转换为选区、像素或形状。

■ "像素"模式

选择"像素"模式进行绘制时，将直接在图层上绘制位图，与绘画工具的功能非常类似。由于对位图进行放大或缩小时图像容易失真，所以在进行移动 UI 设计时，一般不使用这种模式。

## 2. 图形的组合绘制

使用形状工具绘制图形时，不但可以在图层中绘制单独的形状，还可以通过单击工具选项栏中的"路径操作"按钮，在展开的列表中选择更多选项来创建更复杂的图形。选择"合并形状"选项时，会将新的区域添加到现有形状或路径中；选择"减去顶层形状"选项时，会将重叠区域从现有形状或路径中移除；选择"与形状区域相交"选项时，会将区域限制为新区域与现有形状或路径的重叠区域；选择"排除重叠形状"选项时，会从新区域和现有区域的合并区域中排除重叠区域。

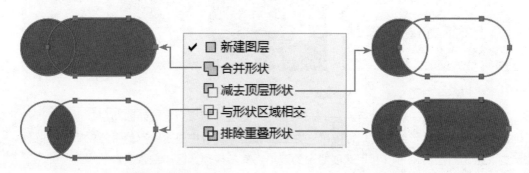

### 3. 直角矩形的绘制

使用"矩形工具"可以绘制出直角矩形，包括长方形和正方形。在工具箱中选择"矩形工具"后，只需要在画布中单击并拖动鼠标，就可以绘制出任意大小的长方形，如下左图所示。若要绘制正方形，可以在按住 Shift 键的同时进行操作。若要绘制指定大小的直角矩形，则在画布中单击，在打开的"创建矩形"对话框中输入要创建的矩形的宽度和高度值，然后单击"确定"按钮，即可在画布中创建对应宽度和高度的直角矩形，如下右图所示。

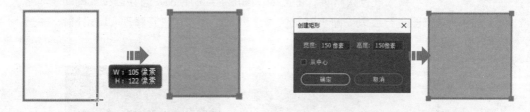

### 4. 圆角矩形的绘制

使用"圆角矩形工具"可以绘制出 4 个角具有一定弧度的圆角矩形。"圆角矩形工具"的使用方法与"矩形工具"非常相似，唯一不同的是它的选项栏中多了一个用于控制圆角弧度的"半径"选项，设置的"半径"值越大，绘制出的图形的圆角部分就越平滑，如下图所示。

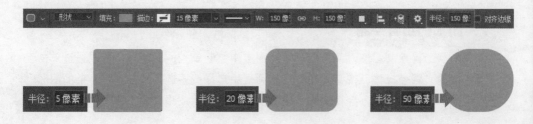

在移动 UI 设计中，"圆角矩形工具"常用于绘制按钮和图标。使用"圆角矩形工具"绘制图形后，在展开的"属性"面板中可以进一步调整圆角矩形的宽度、高度及每个圆角的弧度等。右图所示为在"属性"面板中更改圆角矩形的描边属性，并将圆角矩形的左下角和右下角转换为直角的效果。

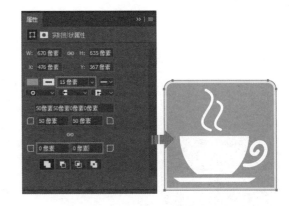

### 5. 椭圆形和圆形的绘制

利用"椭圆工具"可以绘制出椭圆形或圆形，在移动 UI 设计中，这个工具常用于绘制图标和按钮。"椭圆工具"与"矩形工具"有类似的选项栏，使用方法也相同。在工具箱中选择"椭圆工具"后，在画布中拖动，如下左图所示；当拖动到合适的大小后释放鼠标，就可以绘制任意椭圆形，如下中图所示；若按住 Shift 键拖动，则可以绘制圆形，如下右图所示。

### 6. 多边形的绘制

利用"多边形工具"可以绘制出多条边的图形，并且可以设置图形的边数和凹陷程度。在工具箱中选择"多边形工具"后，在工具选项栏中可以看到"边"选项，在该选项右侧的数值框中输入数值，即可控制多边形的边数，输入的值越大，绘制出的多边形边数就越多，如下图所示。

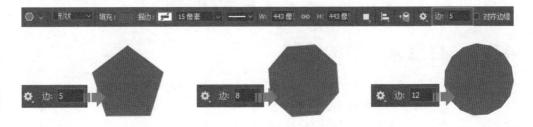

使用"多边形工具"绘制图形时，除了利用"边"选项控制绘制的多边形效果，还可以单击选项栏中的"设置其他形状和路径选项"按钮，在展开的"路径选项"面板中

指定多边形半径和平滑拐角等，绘制出类似星星或花朵等外观的形状。如下左图所示为勾选"星形"复选框，绘制出的星形图案；如下右图所示为勾选"星形"和"平滑拐角"复选框，绘制出的花朵图案。

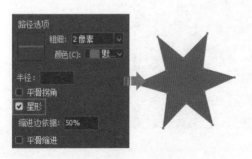 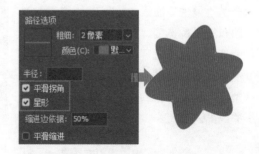

### 7. 直线段和箭头的绘制

"直线工具"用于绘制直线段或带有箭头的直线段。选择工具箱中的"直线工具"，在工具选项栏中通过"粗细"选项来控制绘制直线段的粗细，设置的值越大，绘制出的直线段就越粗。下图所示为设置不同的"粗细"值时绘制的直线段，可以看到当"粗细"值较大时，绘制出的直线段已近似矩形效果。

在"直线工具"选项栏中，单击"设置其他形状和路径选项"按钮，在展开的"路径选项"面板中可以指定是否要在直线段的起点或终点添加箭头，并设置箭头的宽度和凹度等。如右图所示分别为单独勾选"起点"或"终点"复选框及同时勾选"起点"和"终点"复选框的绘制效果。

## 4.1.2 自定义形状的绘制

使用"自定形状工具"可以绘制出软件自带的图形库中的图形，如箭头、人物、花卉等，简化绘制复杂图形的难度，还可以将自己绘制的图形添加到图形库中，便于重复绘制相同图形。在工具箱中选择"自定形状工具" [图]，并在选项栏中设置选项，然后在画面中单击并拖动，就可以绘制自定义形状，如下图所示。

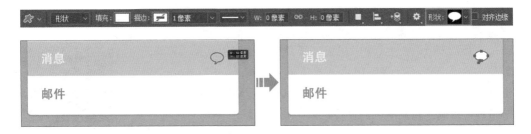

　　"自定形状工具"的选项栏中有一个"形状"拾色器，其中包含了软件自带的图形。默认情况下，"形状"拾色器中只会显示一部分图形，如果想要显示所有的自带图形，可单击"形状"拾色器右侧的扩展按钮，在展开的菜单中执行"全部"命令，再在弹出的对话框中单击"确定"按钮，如下图所示。

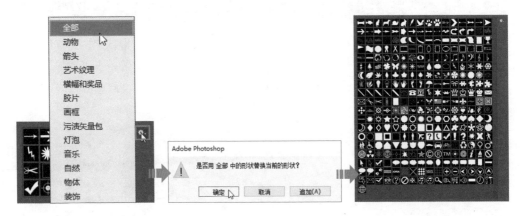

　　"形状"拾色器中的部分图形可以直接应用于 UI 设计，但是软件自带的图形毕竟是有限的，如果在自带图形中没找到需要的图形，可以先自己绘制需要的图形，再将绘制的图形添加到"形状"拾色器中，这样就可以在 UI 设计中快速重复应用这些图形，从而大大减少绘制的工作量。

　　用"路径选择工具"选中需要添加到"形状"拾色器中的图形，执行"编辑 > 定义自定形状"菜单命令，打开"形状名称"对话框，在对话框中输入形状名称，然后单击"确定"按钮，"形状"拾色器中就会显示该图形，如下图所示。

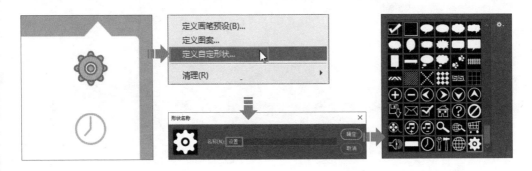

## 4.1.3 其他复杂图形的绘制

在移动 UI 设计过程中,如果前面介绍的绘图工具都不能满足创作的需要,那么就需要使用钢笔工具来绘图了。Photoshop 提供了"钢笔工具""自由钢笔工具""弯度钢笔工具"等多种钢笔工具,以满足用户不同的创作需求,如右图所示。

### 1. 应用"钢笔工具"绘图

"钢笔工具"是用于精确绘制直线段和曲线的标准工具。"钢笔工具"的选项栏如下图所示,可以通过调整选项栏中的选项来控制所绘图形的外观。

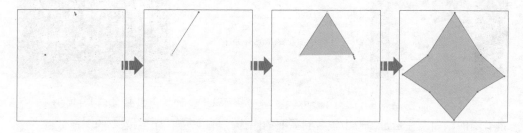

应用"钢笔工具"绘制直线段的方法是最为简单的。先将鼠标指针定位到直线段的起点位置并单击,以定义第一个锚点,然后在希望直线段结束的位置单击以添加第二个锚点,此时两个锚点间就会通过直线段连接起来,继续单击,可以创建由直线段组成的图形,如下图所示。

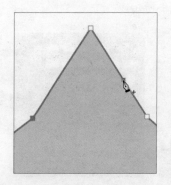

使用"钢笔工具"绘制图形后,将鼠标指针移到路径上,当指针变为 形时,单击可以添加锚点,如下左图所示;将鼠标指针移到已有锚点上,当指针变为 形时,单击则可以删除锚点,如下中图所示;若选择"转换点工具"单击直线路径上的锚点,则可以将直角锚点转换为圆角锚点,或者将圆角锚点转换为直角锚点,如下右图所示。

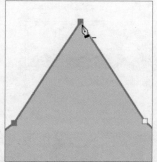
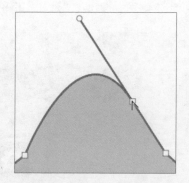

　　除了绘制直线段，"钢笔工具"更常用于绘制由曲线组成的各类按钮和图标。使用"钢笔工具"绘制曲线时，主要通过方向线来控制曲线效果，方向线的长度和斜度直接决定了曲线的形状。应用"钢笔工具"绘图时，尽可能用较少的锚点来表现，因为当锚点较多时容易在曲线中造成不必要的凸起。

　　使用"钢笔工具"创建曲线的方法是：先将鼠标指针定位到曲线的起点位置并按住鼠标，此时会出现第一个锚点，然后拖动鼠标以设置曲线的斜度，如下左图所示。接着松开鼠标，将鼠标指针定位到希望曲线结束的位置，此时若要创建 C 形曲线，向前一条方向线的相反方向拖动，如下中图所示；若要创建 S 形曲线，则向前一条方向线的相同方向拖动，如下右图所示。

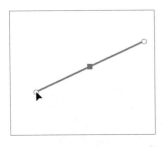 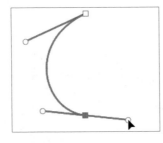 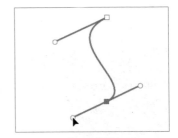

## 2. 应用"弯度钢笔工具"绘图

　　利用"弯度钢笔工具"可以以更轻松的方式绘制平滑曲线和直线段。在 UI 设计中使用"弯度钢笔工具"绘制图形时，无需切换工具就能创建、切换、编辑、添加或删除平滑点或角点。

　　在工具箱中选择"弯度钢笔工具"，在要绘制图形的位置单击创建第一个锚点，然后在其他位置单击定义第二个锚点，如下左图所示。此时若要让路径的下一段变弯曲，则单击鼠标，然后拖动鼠标绘制路径的下一段，如下中图所示；若要绘制一条直线段，则双击鼠标，然后双击鼠标绘制路径的下一段，如下右图所示。

 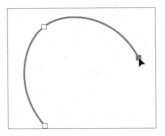 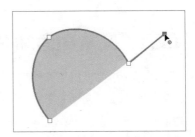

**技巧提示**

**删除多余锚点**

　　使用"弯度钢笔工具"绘制图形时，若要删除图形上多余的锚点，则单击选中该锚点，然后按 Delete 键。在删除锚点后，曲线将被保留下来并根据剩余的锚点进行适当调整。

### 3. 应用"自由钢笔工具"绘图

"自由钢笔工具"用于随意绘图，就像用铅笔在纸上绘图一样。在绘图过程中，Photoshop 将自动添加锚点，用户无须确定锚点的位置，可以在完成路径绘制后再对路径做进一步调整。"自由钢笔工具"与"钢笔工具"最大的区别是，"自由钢笔工具"的选项栏中有一个"磁性的"复选框，如下图所示。

勾选"磁性的"复选框，可以启用磁性钢笔工具，绘制出的路径会与图像中明确的轮廓边缘自动对齐，并且可以定义对齐方式的范围和灵敏度、所绘路径的复杂程度等，如下图所示。

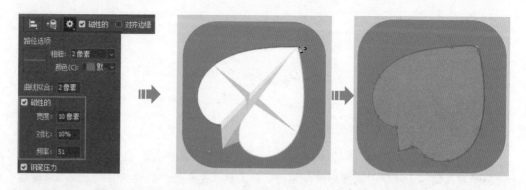

## 4.2　文本的应用

在进行移动 UI 设计时，为了准确地表达各元素的功能，常常需要在 UI 中添加对应的文本信息。下面就来介绍如何使用 Photoshop 在 UI 中添加与设置文本。

## 4.2.1　文本的添加

Photoshop 提供了 4 种文本工具，即"横排文字工具""直排文字工具""直排文字蒙版工具""横排文字蒙版工具"，如右图所示。使用这些工具可以添加点文本和区域文本两种类型的文本。

在移动 UI 设计中，最常用的是"横排文字工具"和"直排文字工具"。"横排文字工具"用于输入横向排列的文本。选择"横排文字工具"后，显示如下图所示的工具选项栏，在选项栏中可以先设置文本的字体和大小等。

　　设置好文本选项后，使用"横排文字工具"在画布中单击，为文本设置插入点，然后输入和编辑文本，完成后单击选项栏中的"提交"按钮或选择工具箱中的任意工具，退出文本编辑状态，此时会在"图层"面板中生成一个对应的文本图层。如下图所示即为使用"横排文字工具"输入文本的过程。

　　"直排文字工具"用于输入竖向排列的文本。选择"直排文字工具"后，在画面中需要添加文本的位置单击，出现插入点后输入文本即可，如下图所示。

　　使用"横排文字工具"或"直排文字工具"输入文本后，还可以单击选项栏中的"切换文本取向"按钮，将横向文本转换为竖向排列，或者将竖向文本转换为横向排列。

**删除占位符文本**

　　在新版的 Photoshop 中，应用"横排文字工具"或"直排文字工具"在画布中单击时，会在单击处显示称为"乱数假文"（Lorem Ipsum）的占位符文本。如果要在单击后不显示占位符文本，只显示插入点，可以执行"编辑 > 首选项 > 文字"菜单命令，在打开的对话框中取消勾选"使用占位符文本填充新文字图层"复选框。

## 4.2.2　设置文本属性

　　使用"横排文字工具"或"直排文字工具"添加文本后，可以利用"字符"面板设置文本的属性，如文本的间距、行距及样式等。

　　如果要统一调整文本图层中的所有文本，先在"图层"面板中选中要调整的文本图层，然后在"字符"面板中进行设置。如果只想调整部分文本，则先使用"横排文字工具"或"直排文字工具"在文本上单击，进入文本编辑状态，拖动选中要调整的文本，再在"字符"面板中进行设置，如下图所示。

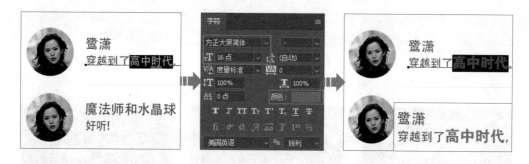

### 4.2.3　编辑段落文本

　　前面使用"横排文字工具"和"直排文字工具"以单击的方式添加的文本是点文本。接下来介绍段落文本的创建与设置。当想要创建一个或多个文本较多的段落时，最好采用段落文本的方式来添加。

　　在工具箱中选择"横排文字工具"或"直排文字工具"后，在画布中单击并拖动，即可创建一个文本框，在文本框中输入文本，输入时文本将根据文本框的尺寸自动换行，如下图所示。

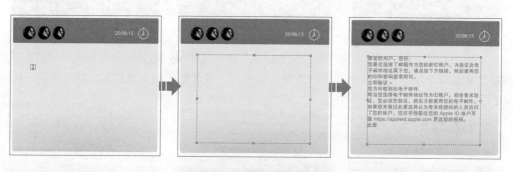

　　添加段落文本后，可以利用"段落"面板设置文本的对齐方式和缩进方式（包括左、右缩进及段首的缩进等）。右图所示为使用"段落"面板为文本设置首行缩进的效果。

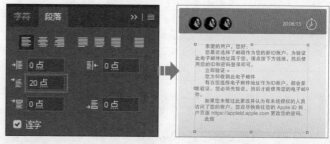

## 4.3　图像的选择

　　图像的选择也是移动 UI 设计中的常见操作之一。使用 Photoshop 提供的选择工具在图像中创建选区，可以分离图像的一个或多个部分，然后对这些部分单独进行编辑，如复制选区中的图像、调整选区中图像的颜色等。下面就来介绍在 Photoshop 中创建选区和编辑选区的方法。

## 4.3.1　规则图像的选择

规则选区的创建主要使用选框工具进行。Photoshop 中的选框工具有"矩形选框工具""椭圆选框工具""单行选框工具""单列选框工具"。在工具箱中按住"矩形选框工具"按钮不放，在展开的面板中即会显示这些工具，如右图所示。在实际的 UI 设计过程中，比较常用的是"矩形选框工具"和"椭圆选框工具"。

### 1.　选区组合方式

在 Photoshop 中使用选框工具创建选区时，可以利用选项栏设置所绘选区的组合方式，主要有"新选区""添加到选区""从选区减去""与选区交叉"4 种。默认组合方式为"新选区"，即每次在图像中拖动时，都将取消已有选区并创建一个新选区；单击"添加到选区"按钮，绘制时会将新选区添加到已有选区；单击"从选区减去"按钮，绘制时将会从已有选区中减去新选区；单击"与选区交叉"按钮，绘制时将保留新选区和已有选区相交的部分，如下图所示。

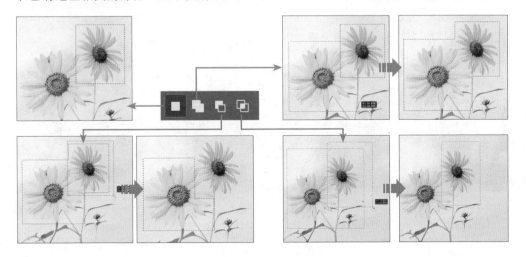

### 2.　羽化选区

使用选框工具创建选区时，还可以利用选项栏中的"羽化"选项对选区进行羽化处理。羽化选区就是对选区边缘进行模糊处理，设置的"羽化"值越大，得到的选区边缘就越模糊。如下左图所示为设置"羽化"值为 5 像素时，选择图像并应用到 UI 设计中的效果；如下右图所示为设置"羽化"值为 20 像素时，选择图像并应用到 UI 设计中的效果。

技巧提示

**羽化已创建的选区**

对于已经创建的选区，如果需要对其进行羽化操作，可以执行"选择 > 修改 > 羽化"菜单命令，打开"羽化选区"对话框，在对话框中设置"羽化半径"来控制选区的羽化程度。

### 3. 创建长方形和正方形选区

"矩形选框工具"用于创建长方形或正方形的选区。选择"矩形选框工具"后，在图像中需要创建选区的位置单击并拖动，当拖动到合适的位置后释放鼠标，即可创建长方形选区；若要创建正方形选区，在拖动时按住 Shift 键即可。

假设要在一幅图像素材中选择中间的美食图像，使用"矩形选框工具"在图像上单击并拖动，如下左图所示；创建选区选择需要的部分图像，如下中图所示；将选区中的图像复制到 UI 设计图中，应用效果如下右图所示。

### 4. 创建椭圆形和圆形选区

"椭圆选框工具"用于创建椭圆形或圆形的选区。按住工具箱中的"矩形选框工具"按钮不放，在展开的面板中选择"椭圆选框工具"，然后在画面中单击并拖动，即可创建椭圆形选区；若要创建圆形选区，在拖动时按住 Shift 键即可。

假设要在一幅图像素材中选择人物的头部区域，选择"椭圆选框工具"，按住 Shift 键在人物头部区域单击并拖动，如下左图所示；拖动到合适的位置后释放鼠标，即可创建一个圆形选区，如下中图所示；将选区中的图像复制到 UI 设计图中作为用户头像，效果如下右图所示。

## 4.3.2　不规则图像的选择

使用选框工具创建的选区都是规则的，而对于 UI 设计来讲，更多时候需要创建不
规则的选区，这时就需要使用套索工具组。套索工具组中有"套索工具""多边形套索
工具""磁性套索工具"3 个工具。按住工具箱中的"套索
工具"按钮不放，在展开的面板中即会显示这 3 个工具，如
右图所示。

### 1.　应用"套索工具"选择图像

"套索工具"是使用方法相对随意的选择工具。选择工具箱中的"套索工具"后，
将鼠标指针移动到要选取的图像的起始点，然后按住鼠标左键不放，沿图像的轮廓移动
鼠标指针，当回到图像的起始点时释放鼠标左键，就会沿着鼠标拖动的轨迹创建选区。
如下图所示，假设要在一幅图像素材中选择产品图像，因为产品图像的轮廓是不规则的，
所以使用"套索工具"在产品图像边缘单击并拖动来选择图像，再将选择的图像添加到
UI 设计图中，得到了更干净的产品展示效果。

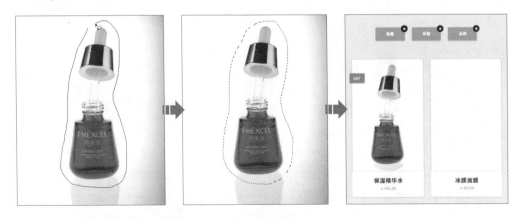

### 2.　应用"多边形套索工具"选择图像

"多边形套索工具"适用于选择边界多为直线或边界曲折的图像。选择"多边形套
索工具"后，在要选取的图像的起始点处单击，然后沿图像的轮廓移动鼠标指针，当移

动到需要转折的地方时单击鼠标，确定多边形的一个顶点，再继续移动，回到起始点时，鼠标指针将变成 形，此时单击鼠标即可创建选区。如下图所示，假设要在一幅图像素材中选择面膜图像，因为面膜图像的边缘轮廓为多边形，所以使用"多边形套索工具"沿面膜图像边缘连续单击来选择图像，再将选择的图像添加到 UI 设计图中，同样能得到干净的产品展示效果。

### 3. 应用"磁性套索工具"选择图像

使用"磁性套索工具"可以快速选择与背景对比强烈且边缘复杂的图像。应用此工具建立选区时，软件会自动在设定的像素宽度内分析图像，从而精确选择图像区域边界。选择"磁性套索工具"，在要选择的图像的边缘单击，设置起始点，然后沿着图像边缘拖动鼠标指针，当回到起始点时鼠标指针会变为 形，此时释放鼠标，即可创建选区。如下图所示，使用"磁性套索工具"在素材图像中的产品图像边缘单击，然后沿着产品图像边缘拖动，即能准确、快速地选中产品图像，将选择的图像应用到 UI 设计图中，同样能得到相对干净、统一的视觉效果。

使用"磁性套索工具"时，还可以利用选项栏控制选择图像的精确度。单击"磁性套索工具"按钮，工具选项栏中将显示如下图所示的工具选项，其中有 3 个比较重要的选项，分别为"宽度""对比度""频率"。

| | | | | 羽化: 0 像素 | ☑ 消除锯齿 | 宽度: 5 像素 | 对比度: 5% | 频率: 100 | | 选择并遮住... |
|---|---|---|---|---|---|---|---|---|---|---|

　　"宽度"选项用于设置选取时能够检测到的边缘宽度，其取值范围为 1 ～ 256 像素，设置的数值越小，所能检测到的范围越小，对于对比度较小的图像应设置较小的宽度值；"对比度"选项用于设置选取时边缘的对比度，其取值范围为 1% ～ 100%，设置的数值越大，边缘的对比度就越大，选取的范围就越精确；"频率"选项用于设置选取时产生的锚点数，取值范围为 0 ～ 100，设置的数值越大，产生的锚点数越多。如下左图和下中图所示，当"宽度"和"对比度"一定时，设置的"频率"值越大，产生的锚点数就越多，选择的图像自然就越准确，下右图所示为较高频率时选择产品图像应用后的效果。

## 4.3.3　根据颜色选择图像

　　在 Photoshop 中，除了使用选框工具和套索工具来选择图像外，还可以使用"色彩范围"命令选择图像中某种颜色的像素，从而创建更复杂的选区。执行"选择 > 色彩范围"菜单命令，即可打开"色彩范围"对话框，在对话框中，可以在"选择"下拉列表框中设定要选择的颜色范围，也可以使用"吸管工具"在选择预览框中单击来设定要选择的颜色范围。

　　如下图所示，假设要在一幅图像素材中选择人物图像，打开"色彩范围"对话框，用"吸管工具"在选择预览框中单击人物图像旁边白色的背景部分，此时会选中人物外的背景图像，勾选"反相"复选框进行反向选择，就可以快速选中外形轮廓较复杂的人物及其发丝部分，将选取的图像应用到 UI 设计图中，可看到人物图像与下方灰色的背景自然地融合在一起。

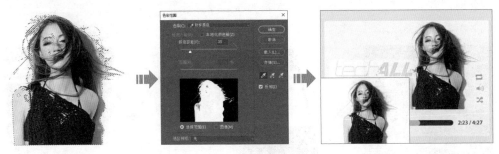

　　在"色彩范围"对话框中，"颜色容差"选项用于控制选择范围内颜色范围的广度，并增加或减少部分选定像素的数量，即选择预览框中的灰色区域，可以通过拖动"颜色

容差"下方的滑块或在右侧的文本框中输入一个数值来进行设置。设置较低的"颜色容差"值可以限制选择的颜色范围，如下左图所示；设置较高的"颜色容差"值可以扩大选择的颜色范围，如下右图所示。

**技巧提示**

**增加 / 删除选择区域**

　　使用"吸管工具"选择图像时，若要增加选择的颜色范围，单击对话框中的"添加到取样"按钮，然后在选择预览框或图像中单击；若要删除选择的颜色范围，则单击"从取样中减去"按钮，然后在选择预览框或图像中单击。

# 4.4　图像的合成

　　使用 Photoshop 进行 UI 设计的过程中，经常会使用蒙版来合成图像，制作 UI 元素。蒙版可以看成是遮挡在图像上的一块镜片，透过这块镜片可以看到下方图层中的内容。Photoshop 提供图层蒙版、矢量蒙版、剪贴蒙版 3 种比较常用的蒙版，下面分别介绍这 3 种蒙版的创建和编辑方法。

## 4.4.1　图层蒙版

　　蒙版是一种灰度图像，并且具有透明的特性。蒙版将不同的灰度值转换为不同的透明度，并作用到该蒙版所在的图层上，起到遮盖图层中部分区域的作用。利用蒙版合成图像时，通过调整蒙版的灰度值来控制被遮盖区域的透明度，蒙版的灰度越深，被遮盖的区域就会变得越透明。下图所示为利用图层蒙版遮盖部分图像的效果。

## 1. 添加图层蒙版

添加图层蒙版的方法有多种，其中一种是执行"图层 > 图层蒙版"菜单命令，在弹出的级联菜单中选择命令进行创建，可以选择隐藏或显示整个图层，或者基于选区或透明区域创建蒙版。添加图层蒙版后，还可以使用工具箱中的绘图工具编辑图层蒙版，以精确地隐藏或显示部分图像。

如下图所示，使用"椭圆选框工具"在图像上创建选区，然后执行"图层 > 图层蒙版 > 显示选区"命令，创建图层蒙版，可以看到选区外的图像被隐藏。

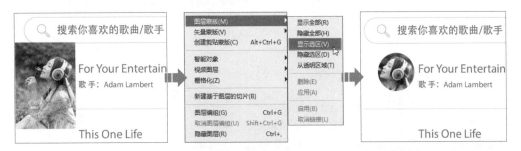

创建图层蒙版的另一种方法是在"图层"面板中选中需要添加图层蒙版的图层，然后单击"图层"面板底部的"添加图层蒙版"按钮即可，如右图所示。

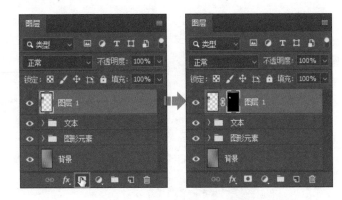

## 2. 编辑图层蒙版

在"图层"面板中单击选中需要编辑的蒙版缩览图，然后在图像窗口中即可对蒙版进行编辑。如下图所示，在"图层"面板中单击选中"图层 1"的蒙版缩览图，这里要隐藏人物周围的背景，因此设置前景色为黑色，使用"画笔工具"在图像窗口中单击或涂抹需要隐藏的背景区域即可。

除了使用工具箱中的工具编辑蒙版，也可以使用"属性"面板来设置和调整蒙版。在"图层"面板中双击蒙版缩览图，即可打开蒙版的"属性"面板，在面板中会显示蒙版的类型、浓度和羽化等选项，如右图所示。通过设置选项可控制蒙版的遮盖效果，也可以单击"调整"右侧的按钮，在弹出的对话框中调整蒙版的边缘和遮盖范围。

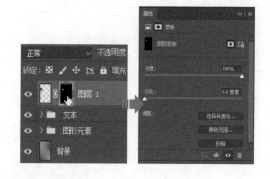

## 4.4.2　矢量蒙版

矢量蒙版也叫路径蒙版，它通过绘制的路径来控制图像的显示区域。由于矢量蒙版与图像分辨率无关，所以对它进行任意的放大或缩小操作都不会影响原图像的清晰度。在 Photoshop 中，可以使用钢笔工具或形状工具创建和编辑矢量蒙版。

### 1．添加显示或隐藏整个图层的矢量蒙版

在"图层"面板中选中要添加矢量蒙版的图层，若要创建显示整个图层的矢量蒙版，执行"图层 > 矢量蒙版 > 显示全部"菜单命令，如下左图所示；若要创建隐藏整个图层的矢量蒙版，执行"图层 > 矢量蒙版 > 隐藏全部"菜单命令，如下右图所示。

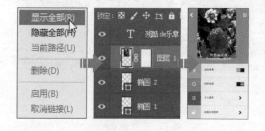
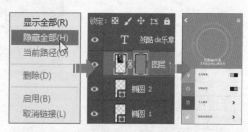

添加隐藏整个图层的矢量蒙版后，若要利用蒙版显示部分图像，则单击"图层"面板中的蒙版缩览图，然后选择工具箱中的形状工具，在"路径"模式下绘制路径，绘制后位于路径区域内的图像就会显示出来，如右图所示。

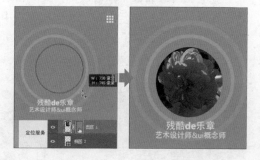

## 2. 添加显示形状内容的矢量蒙版

在"图层"面板中选中要添加矢量蒙版的图层，再使用形状工具绘制路径，然后执行"图层 > 矢量蒙版 > 当前路径"菜单命令，就会根据绘制的路径建立矢量蒙版，如下图所示。

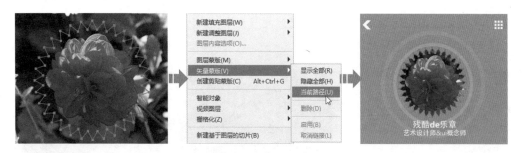

**技巧提示**

**将矢量蒙版转换为图层蒙版**

在"图层"面板中选中包含要转换的矢量蒙版的图层，执行"图层 > 栅格化 > 矢量蒙版"菜单命令，即可将所选图层中的矢量蒙版转换为图层蒙版。将矢量蒙版栅格化后，无法再将其还原成矢量对象。

## 3. 编辑矢量蒙版

创建矢量蒙版后，可以使用编辑矢量图形的方法来编辑矢量蒙版，以调整蒙版遮盖的范围。在"图层"面板中选中包含要编辑的矢量蒙版的图层，然后单击"属性"面板中的"矢量蒙版"按钮，或者单击"路径"面板中的缩览图，再使用形状工具、钢笔工具或"直接选择工具"调整形状。

如下图所示，使用"直接选择工具"选中图形上的锚点，右击鼠标，在弹出的快捷菜单中执行"删除锚点"命令，删除所选锚点，再按快捷键 Ctrl+T，打开自由变换编辑框，调整图形的大小，可以看到调整后图像显示范围的改变。

## 4.4.3 剪贴蒙版

剪贴蒙版也称剪贴组，它通过处于下方的图层形状来限制上方图层的显示状态，从而形成一种类似剪贴画的画面效果。剪贴蒙版是由多个图层组成的群体组织，因此它必须使用两个或两个以上的图层才能创建。位于最下面的一个图层叫基底图层，简称基层，位于基层之上的图层叫内容图层，基层只能有一个，而内容图层则可以有若干个。下图所示即为剪贴蒙版的结构展示。

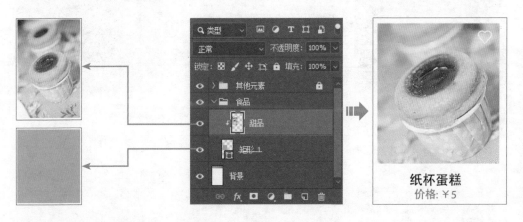

### 1. 创建剪贴蒙版

在 Photoshop 中，可以通过执行菜单命令或按快捷键创建剪贴蒙版，也可以直接在"图层"面板中创建剪贴蒙版。

先介绍第一种方法。在"图层"面板中选中要创建为剪贴蒙版的图层，然后执行"图层 > 创建剪贴蒙版"菜单命令或按快捷键 Ctrl+Alt+G，此时选中的图层成为内容图层，图层缩览图自动缩进，并且带有一个向下的箭头，其下方的图层成为基底图层，并在图层名称下方显示一条下划线，如下图所示。

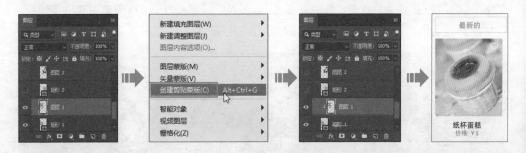

接下来介绍第二种方法。按住 Alt 键不放，将鼠标指针移到"图层"面板中两个图层之间的位置，当鼠标指针变为⬚形时单击，即可创建剪贴蒙版，如下图所示。

## 2. 添加图层至剪贴蒙版

剪贴蒙版中的内容图层可以有若干个，所以在创建剪贴蒙版后，可以根据设计需求将其他图层添加到剪贴蒙版中，其操作方法是：先在"图层"面板中选中需要添加到剪贴蒙版中的图层，然后将该图层拖动到剪贴蒙版的图层中间，释放鼠标，就可将该图层添加到剪贴蒙版中，成为剪贴蒙版的一部分，如下图所示。

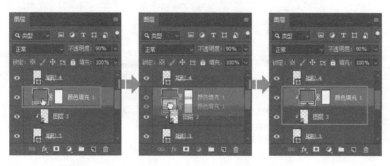

## 3. 释放剪贴蒙版

当不需要使用剪贴蒙版时，可以释放剪贴蒙版，将基底图层和内容图层恢复为普通图层。在"图层"面板中选中剪贴蒙版中基底图层正上方的内容图层，执行"图层 > 释放剪贴蒙版"菜单命令，即可释放整个剪贴蒙版，如下图所示。

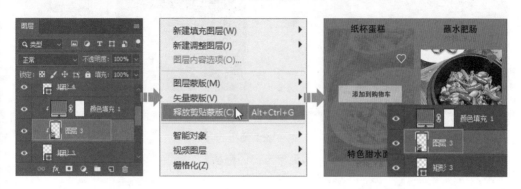

# 4.5 必备的样式效果

在进行移动 UI 设计的过程中，为了让 UI 元素呈现出立体化、多样化的视觉效果，常常会使用 Photoshop 中的图层样式对其进行修饰。这些图层样式包括"斜面和浮雕""投影""内阴影"等多种，每种样式都提供丰富的选项，用于调整样式的纹理、颜色及光泽质感等。下面就来详细介绍各种图层样式。

## 4.5.1 斜面和浮雕

"斜面和浮雕"样式是移动 UI 设计中最为常用的样式之一，也是相对复杂的一种样式，它包含"外斜面""内斜面""浮雕效果""枕状浮雕""描边浮雕" 5 种结构样式。

双击"图层"面板中的图层或执行"图层 > 图层样式 > 斜面和浮雕"菜单命令，即可打开"图层样式"对话框并选中"斜面和浮雕"样式，默认情况下会选择"内斜面"结构样式，可以单击"样式"下拉按钮，在展开的列表中选择其他样式。不同结构样式的效果如下图所示。

"斜面和浮雕"样式分为"结构"和"阴影"两个选项组。"结构"选项组主要用于设置浮雕效果的外形构造，包含"样式""方法""大小"等多个选项。其中"深度"选项需要与"大小"选项配合使用，在"大小"值不变的情况下，可以用"深度"值调整斜面梯形边的光滑程度，如下图所示。

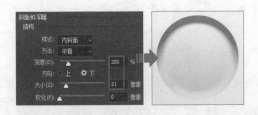

"阴影"选项组中的选项主要用于设置浮雕效果的阴影效果，可以指定阴影产生的角度和高度等，并且可以分别为高光和阴影部分指定不同的混合模式、颜色及不透明度，制造出较理想的浮雕效果。下图所示为单击"阴影模式"右侧的色块，在打开的面板中更改颜色的操作过程。

　　"斜面和浮雕"样式下除了上述这些基本的选项外，还包含"等高线"和"纹理"两个复选框。单击复选框后，右侧面板中将显示对应的选项，如下图所示。"等高线"选项组中的选项用于定义斜面的形态，通过不同的等高线样式使图像呈现出丰富的立体效果；"纹理"选项组中的选项用于为图像添加材质，使图像呈现出一定的质感。

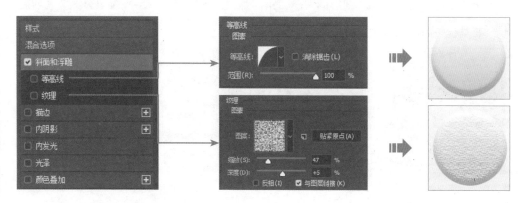

## 4.5.2　投影和内阴影

　　"投影"和"内阴影"样式均是为对象添加阴影的样式，不同的是"投影"样式是将阴影添加在对象的外部，而"内阴影"样式则是将阴影添加在对象的内部。

### 1. "投影"样式

　　对图层应用"投影"样式时，图层中的图像下方将会出现一个轮廓和图像内容相同的"影子"，这个影子有一定的偏移，在默认情况下会向图像右下角偏移。下图所示为应用"投影"样式前后的效果对比。

在"投影"样式的选项中，"角度"和"距离"是影响阴影效果的两个重要选项，主要用于调整产生阴影的角度和阴影与图像的偏移距离。右图所示为"不透明度"和"大小"不变时，更改"角度"和"距离"所产生的阴影效果。

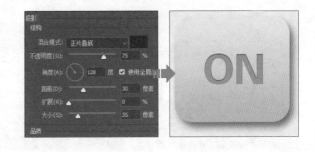

### 2. "内阴影"样式

为图层应用"内阴影"样式后，将会在紧靠图层内容的边缘内侧添加阴影，使图层具有凹陷的外观。"内阴影"样式的选项与"投影"样式的选项基本相同，这些选项主要用于调整位于对象内部的阴影的大小和距离等。下图所示为应用"内阴影"样式前后的效果对比。

## 4.5.3　渐变叠加

为图层应用"渐变叠加"样式，可以将图层中图像的颜色更改为指定的渐变颜色。应用该样式更改图像颜色时，可以随时调整渐变颜色的样式、角度、颜色等，具有较强的灵活性。

在"图层样式"对话框左侧单击"渐变叠加"样式，在右侧可以利用"样式"选项设置渐变颜色的类型，包括"线性""径向""对称""角度""菱形"，这 5 种渐变颜色的效果如下图所示。

"渐变叠加"样式的"渐变"选项则提供了一些预设的渐变颜色，如果预设的渐变颜色不能满足当前的 UI 设计需求，可以自己编辑渐变颜色。单击"渐变"选项右侧的渐变条，将会打开"渐变编辑器"对话框，在对话框中就可以自由设置渐变颜色，如下图所示。

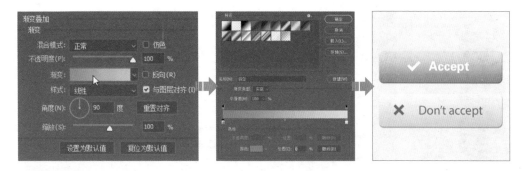

技巧提示

**复制与粘贴图层样式**

为一个图层添加图层样式后，若要对其他图层也应用相同的样式，可以执行"图层 > 图层样式 > 拷贝图层样式"菜单命令，拷贝已添加的样式，再在"图层"面板中选中要应用相同样式的图层，执行"图层 > 图层样式 > 粘贴图层样式"菜单命令。

## 4.5.4　图案叠加

使用"图案叠加"样式可以快速对图层中的图像应用各种不同的纹理，使图像呈现出更加逼真的纹理质感。打开"图层样式"对话框，在左侧单击"图案叠加"样式，在右侧会显示该样式的选项，如右图所示。

Photoshop 中预设了多种图案。在"图案叠加"样式的选项中单击"图案"右侧的下拉按钮，展开"图案"拾色器，在其中单击需要应用的预设图案，如右图所示。在图像窗口中可以直接预览效果，如下图所示。

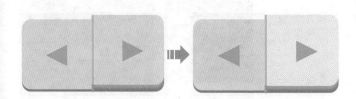

"图案"拾色器中默认只显示一部分预设图案，用户还可以根据需求载入其他预设图案。单击"图案"拾色器右上角的扩展按钮，在展开的菜单下方可以看到 Photoshop 预设的多个图案组，单击选择所需的图案组即可将其载入到"图案"拾色器中。如下图所示，单击"艺术家画笔画布"图案组，在弹出的对话框中单击"追加"按钮，即可在"图案"拾色器中追加预设图案。

如果所有预设图案都不能满足设计需求，还可以自定义图案。在 Photoshop 中打开图案素材，执行"编辑 > 定义图案"菜单命令，在打开的对话框中输入图案名称，单击"确定"按钮，然后打开"图层样式"对话框，在"图案叠加"样式的"图案"拾色器中就能看到定义的新图案，如右图所示。

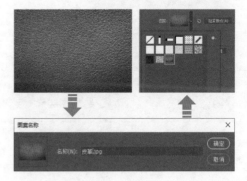

## 4.5.5　内发光和外发光

应用"内发光"和"外发光"样式都可以为图层中的图像添加发光效果，其中"内发光"样式用于添加从图层内容的边缘向内侧发光的效果，而"外发光"样式则用于添加从图层内容的边缘向外侧发光的效果。

### 1.　"内发光"样式

我们可以将"内发光"样式的效果想象为一个内侧边缘安装有照明设备的隧道截面或一个荧光棒的横截面。为图层添加"内发光"样式后，在图层内容上方会多出一个"虚拟"的、由半透明度的颜色填充的层，并沿着图层内容的边缘分布。在"内发光"样式的选项中可以设置混合模式、不透明度、大小等参数，如右图所示。

"内发光"样式默认的发光颜色为白色，可以根据需要更改发光颜色。如下图所示，单击颜色框，打开"拾色器（内发光颜色）"对话框，在对话框中选择其他颜色即可。

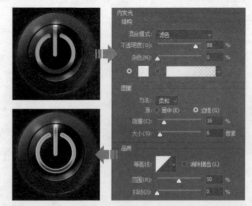

　　"内发光"样式的"图案"选项组提供了"柔和"和"精确"两种添加发光的方法。
默认选择"柔和"方法，此方法添加的光线穿透力要弱一些，发光的颜色过渡较自然，
如下左图所示；而"精确"方法添加的光线穿透力较强，光线的发散效果更为明显，如
下右图所示。

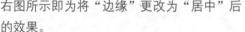
　　不管是"柔和"发光还是"精确"发光，都可以选择光源的位置，
包含"居中"和"边缘"两个选项。默认选择"边缘"选项，此选
项下光源位于对象的内侧表面；而选择"居中"选项时，光源位于
对象的中心，可以简单地理解为将光源和介质的颜色进行了交换。
右图所示即为将"边缘"更改为"居中"后
的效果。

## 2. "外发光"样式

　　"外发光"样式与"内发光"样式刚好相反，它会在图层内容的外侧产生发光效果。
"外发光"样式的选项与"内发光"样式的选项基本相同，这里不再详细介绍。下图所
示为"外发光"样式的应用效果。

## 4.5.6 描边

　　"描边"样式就是沿着图层中非透明部分的边缘描边，这在移动 UI 设计的实际应用中很常见。在"描边"样式的选项中，"大小"选项用于设置描边的宽度；"位置"选项用于设置描边的位置，包括"内部""外部""居中"3 种，下图所示为借助选区展示的不同位置的描边效果。

　　"填充类型"选项用于设置描边的填充效果，包括"颜色""渐变""图案"3 种。默认选择"颜色"选项，即使用纯色填充描边；若选择"渐变"选项，则使用渐变颜色填充描边，还可以设置渐变的颜色、样式及角度等参数，如下左图所示；若选择"图案"选项，则使用图案填充描边，可以单击"图案"右侧的下拉按钮，在展开的"图案"拾色器中选择所需的图案，如下右图所示。

# 移动UI常用基本元素设计

App 的 UI 都是由多个不同的基本元素组成的，包括图标、按钮、开关、搜索栏等。它们通过外形上的组合、颜色的搭配、材质和风格的统一，并配以合理的布局来构成完整的 UI 效果。本章将对这些常用基本元素的设计进行讲解。

## 5.1 图标设计

在智能手机取代了传统手机的情况下，实体按键设计也被触屏式 UI 所取代，而触屏式 UI 最主要的特征就是图形化 UI。图标作为 UI 设计最主要的内容之一，同时也是信息传播最重要的载体。一个 App 中的图标可以分为 App 图标、导航栏图标、工具栏图标等。

### 5.1.1 轻拟物化图标设计

拟物化设计比较注重形和质感，模拟真实物体的材质纹理、质感、细节等，从而达到逼真的效果。因此，在设计拟物化图标时，应先使用形状工具绘制出图形的外形轮廓，然后再通过各种样式的叠加应用，使图标更具立体感和真实感。

◎ 素　材：无

◎ 源文件：随书资源 \ 05 \ 源文件 \ 轻拟物化图标设计.psd

步骤01 新建文档，设置前景色为R165、G169、B181，新建图层，按快捷键Alt+Delete，用设置的前景色填充图层。

步骤02 创建"图标01"图层组，选择"圆角矩形工具"，设置填充颜色和"半径"选项，在画面中绘制一个宽度和高度均为446像素的圆角矩形。

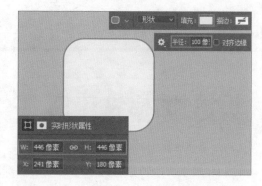

步骤03 双击形状图层，打开"图层样式"对话框，在对话框中分别单击"投影""斜面和浮雕"样式，在展开的选项卡中设置选项，修饰图形。

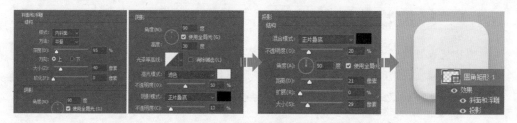

步骤04 选择"椭圆工具"，在选项栏中单击填充色块，在展开的面板中设置填充颜色，按住Shift键在画面中单击并拖动，绘制圆形。

步骤05 双击圆形形状图层，打开"图层样式"对话框，在对话框中单击并设置"投影"样式，修饰图形。

步骤06 按快捷键Ctrl+J，复制图形，按快捷键Ctrl+T，打开自由变换编辑框，缩小图形，然后更改图层填充颜色。

步骤07 双击复制的椭圆形状图层，在打开的"图层样式"对话框中单击并设置"内阴影"样式，增加立体效果。

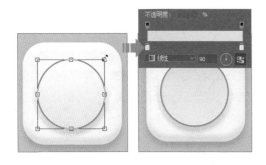

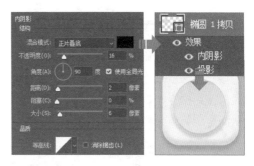

**步骤 08** 继续使用相同的方法，制作出更多圆形图形，然后选中中间的黑色圆形，执行"滤镜>转换为智能滤镜"菜单命令。

**步骤 09** 转换为智能滤镜，执行"滤镜>模糊>高斯模糊"菜单命令，在打开的对话框中设置"半径"为5像素，创建模糊的图像效果。

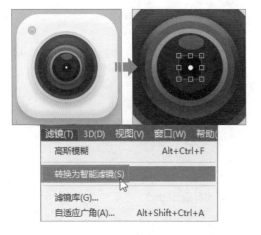

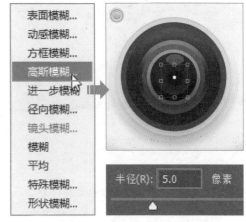

**步骤 10** 选择另一个圆形，采用相同的方法对其进行模糊处理，然后设置图层混合模式为"柔光"、"不透明度"为64%。

**步骤 11** 参照前面绘制图标的方法及相关设置，绘制出其他的图标，绘制完成后在图像窗口中查看绘制的效果。

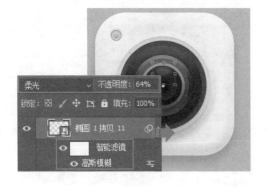

# 5.1.2 扁平化图标设计

扁平化是近年来手机图标设计发展的一种趋势。扁平化是一种二维形态，这类设计的核心理念就是化繁为简，把一个事物尽可能用最简洁的方式表现出来。扁平化的图标通常使用鲜艳、明亮的色块进行设计，在形态方面，以圆形、矩形等简单几何形态为主，从而呈现简洁大方的效果。

◎ 素　材：无

◎ 源文件：随书资源 \ 05 \ 源文件 \ 扁平化图标设计.psd

步骤 01 新建文档，创建"渐变填充1"调整图层，打开"渐变填充"对话框，在对话框中设置要填充的渐变颜色，设置后单击"确定"按钮，填充背景颜色。

步骤 02 创建"闹钟"图层组，选择"圆角矩形工具"，在画面中单击并拖动，绘制圆角矩形，展开"属性"面板，在面板中设置图形的填充颜色和半径等。

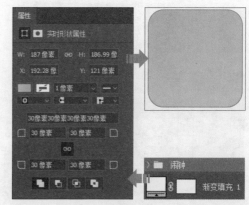

步骤 03 选择工具箱中的"椭圆工具"，按住Shift键在画面中单击并拖动，绘制圆形，单击选项栏中的填充色块，在展开的面板中设置用于填充图像的渐变颜色。

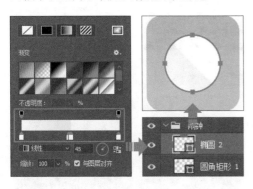

步骤 04 选择"圆角矩形工具"，单击选项栏中的"路径操作"按钮，在展开的列表中单击"排除重叠形状"选项，在圆形内部单击并拖动，绘制圆角矩形。

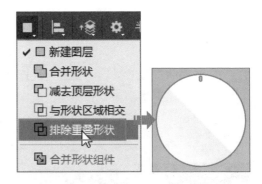

步骤 05 使用"路径选择工具"选中绘制的圆角矩形，按快捷键Ctrl+C和Ctrl+V，复制粘贴图形，然后按↓键，将复制出来的图形向下移到所需的位置上。

步骤 06 按快捷键Ctrl+C和Ctrl+V，再次复制并粘贴图形，执行"编辑>变换路径>顺时针旋转90度"菜单命令，旋转图形，将旋转后的图形移到圆形左侧所需位置上。

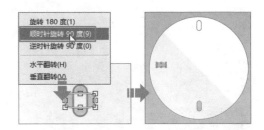

步骤 07 再次复制图形，按→键，将图形移到圆形右侧。使用相同的方法，完成圆形中间更多图形的绘制。

步骤 08 选中"闹钟"图层组，按快捷键Ctrl+J，复制图层组，将其命名为"相册"，将图层组中的对象向右移到所需位置，删除多余的图形。

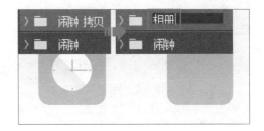

**步骤 09** 使用"路径选择工具"选中右侧图形，打开"属性"面板，单击面板中的"设置形状填充类型"按钮，在展开的面板中重新设置从R254、G150、B150到R255、G101、B101的渐变颜色。

**步骤 10** 选择"钢笔工具"，在圆角矩形中间绘制所需图形，并在选择栏中为绘制图形设置合适的填充颜色和描边颜色。

**步骤 11** 选择"椭圆工具"，单击选项栏中的"路径操作"按钮，在展开的列表中选择"合并形状"选项，在画面中绘制圆形。

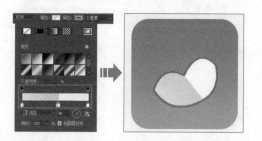

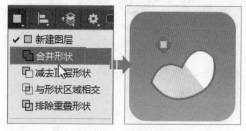

**步骤 12** 参照前面步骤中绘制图标的方法，结合多种形状工具绘制出所需的图形，并利用图形的组合，创建出更多不同形状的图标效果。

**步骤 13** 展开"日历"图层组，使用"横排文字工具"在图形中间添加数字20，打开"字符"面板，在面板中更改文字属性。

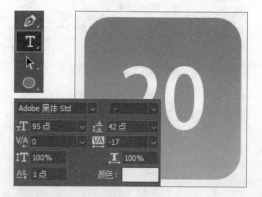

**步骤 14** 双击文本图层，打开"图层样式"对话框，在对话框中单击并设置"渐变叠加"样式，修饰文本效果。

**步骤 15** 继续使用"横排文字工具"输入更多文本，然后打开"字符"面板，调整输入文本的字体和大小属性，完成扁平化图标的制作。

## 5.1.3　线性图标设计

　　线性风格的图标造型明朗、线条干净、风格简洁。在各类 App 中都能看到线性风格图标的使用。线性风格也可以称为线条艺术，是用线条作为表现画面的笔触，所以在制作线性风格图标时，应该先根据要表现对象的外形轮廓特点，绘制出所需图形，然后为图形设置合适的描边线条和类型。

◎　素　材：无

◎　源文件：随书资源 \ 05 \ 源文件 \ 线性图标设计.psd

113

步骤 01 新建文档，创建"颜色填充1"图层，打开"渐变填充"对话框，在对话框中设置渐变颜色及渐变样式等，设置后单击"确定"按钮，应用渐变填充背景。

步骤 02 新建"图标1"图层组，选择"矩形工具"，在画面中绘制一个矩形，单击选项栏中的填充色块，在展开的面板中设置形状填充类型为"无"，去除填充颜色。

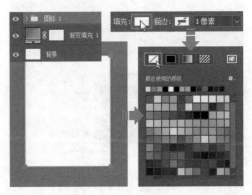

步骤 03 单击描边色块，在打开的面板中单击白色色块，设置填充颜色为白色、描边宽度为6像素，单击填充类型选项，在展开面板中设置线条对齐方式、端点和角点样式。

步骤 04 设置后在图像窗口中查看效果，按住工具箱中的"钢笔工具"按钮不放，在展开的面板中单击选择"添加锚点工具"，将鼠标移到图形中间的路径上，单击添加锚点。

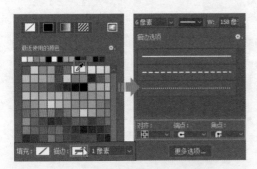

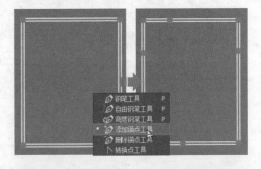

步骤 05 按住工具箱中的"路径选择工具"按钮不放，在展开的面板中单击选择"直接选择工具"，单击选中右下角的锚点，按Delete键，删除锚点，创建开放的路径效果。

步骤 06 按住工具箱中的"钢笔工具"按钮不放，在展开的面板中单击选择"删除锚点工具"，单击删除图形左上角的锚点，然后再选择"转换点工具"，单击图形上需要转换的锚点。

步骤 07 转换锚点，然后将鼠标指针移到另一个锚点位置，再次单击以转换路径锚点，在图像窗口中查看转换效果。

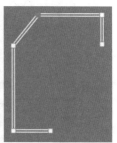

步骤 08 使用"钢笔工具"绘制一条水平直线段，单击选项栏中的"设置形状描边类型"按钮，在展开的面板中更改端点样式，将其更改为直角。

步骤 09 按两次快捷键Ctrl+J，复制图层，创建"形状1拷贝"和"形状1拷贝2"图层，将图层中的线条移到适当位置。

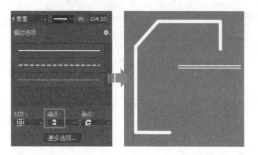

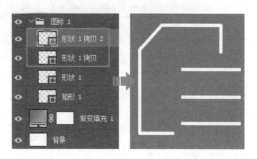

步骤 10 参照前面绘制图标的方法和参数设置，使用形状工具完成其他图标的制作，制作完成后在图像窗口中查看效果。

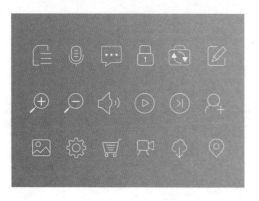

**技巧提示**

**更改图形的外观属性**

使用形状工具绘制图形后，若要更改图形的填充或描边颜色，可以使用"直接选择工具"或"路径选择工具"选中图形，然后在选项栏中对其进行修改，也可以打开"属性"面板，在面板中对其进行修改。在"属性"面板中，不但可以更改图形的填充或描边颜色，还可以对图形的宽度和高度进行调整。

# 5.1.4 立体图标设计

立体化图标的设计要体现图标的立体感。在设计立体图标时，可以利用 Photo-shop 中的"斜面和浮雕""投影"等样式对图标进行美化设计，再通过创建剪贴蒙版，在图标上叠加纹理，增强其质感。

◎ 素　材：随书资源 \ 05 \ 素材 \ 02.jpg
◎ 源文件：随书资源 \ 05 \ 源文件 \ 立体图标设计.psd

步骤 01 新建文档，填充合适的背景颜色，创建"音乐"图层组，选择"圆角矩形工具"，在选项栏中设置"半径"为50像素，绘制圆角矩形图形。

步骤 02 打开并复制02.jpg木纹素材到绘制的图形上方，按快捷键Ctrl+Alt+G，创建剪贴蒙版，盖印"图层1"和"圆角矩形1"图层，创建"图层1（合并）"图层，更改其不透明度。

步骤 03　将"图层1（合并）"图层移到"圆角矩形1"图层下方，双击图层，打开"图层样式"对话框，在对话框中单击并设置"内阴影"样式，修饰图像。

步骤 04　选择"椭圆工具"，按住Shift键单击并拖动，绘制正圆形，单击选项栏中的"设置形状填充类型"，在展开的面板中设置填充类型和填充颜色。

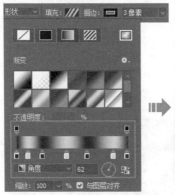

步骤 05　双击"椭圆1"形状图层，打开"图层样式"对话框，在对话框中单击并设置"投影"样式选项，为圆形图形添加投影效果。

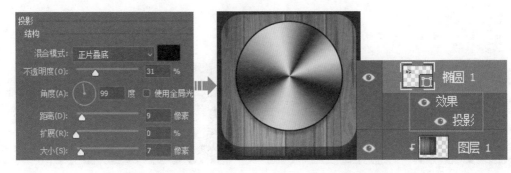

步骤 06　按快捷键Ctrl+J，复制出多个圆形图形，删除"投影"样式后，根据需要调整图形的填充颜色和大小，制作出同心圆效果。

步骤 07　使用"圆角矩形工具"在画面中再绘制一个圆角矩形，复制"图层1"图层，将复制的图层移到圆角矩形上，创建剪贴蒙版，隐藏多余部分。

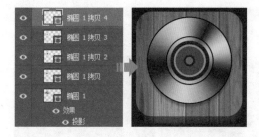

**步骤 08** 盖印"圆角矩形2"和"图层1拷贝"图层，创建"图层1拷贝（合并）"图层，将其移到"圆角矩形2"图层下方合适的位置。

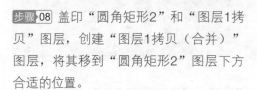

**步骤 09** 双击"图层1拷贝（合并）"图层，打开"图层样式"对话框，在对话框中单击并设置"内阴影"和"投影"样式，修饰图形。

**步骤 10** 使用"横排文字工具"输入所需文字，打开"字符"面板，设置文本属性，然后双击文本图层，设置"内阴影"样式，修饰文本效果。

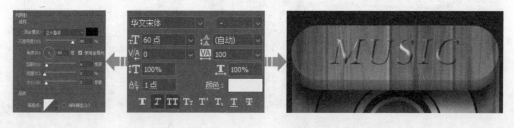

**步骤 11** 复制"图层1"图层，创建"图层1拷贝2"图层，创建剪贴蒙版，为文字叠加纹理效果，应用相同的方法完成更多立体图标的制作。

**步骤 12** 采用相同的方法，创建图层组，在图层组中分别绘制出更多的立体图标效果。

## 5.2 　常规按钮设计

按钮是移动 UI 中最为常见的控件，所有的 UI 中都会出现按钮，并且根据 App 的不同，按钮的外形和质感也是千变万化的。按钮降低了识别上的负担，并且具备多种状态，能够实现信息的准确传达。

### 5.2.1 　多彩下载按钮设计

一般情况下，按钮都存在多种状态，因此在设计时，为了区分各种状态下的按钮效果，会采用不同的颜色进行表现。下面的案例中就分别使用了对比反差较大的红色、蓝色和灰色来展示不同状态下的按钮。

◎　素　材：无
◎　源文件：随书资源 \ 05 \ 源文件 \ 多彩下载按钮设计.psd

步骤 01 新建文档，设置前景色为R239、G239、B239，创建"颜色填充1"图层，应用设置的颜色填充图层。

步骤 02 创建"正常状态"图层组，选择"圆角矩形工具"，设置填充颜色为R195、G75、B71，"半径"为55.5像素，在画面中单击并拖动绘制图形。

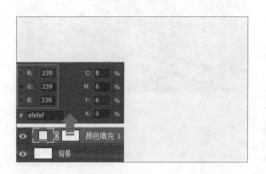

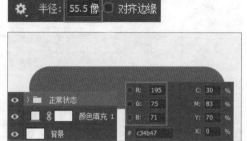

步骤 03 双击形状图层，打开"图层样式"对话框，在对话框中分别单击并设置"描边""内阴影""投影""渐变叠加"样式修饰图形。

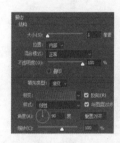
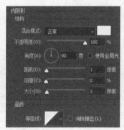

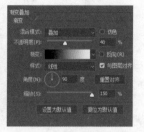

步骤 04 选择工具箱中的"椭圆工具"，按住Shift键单击并拖动，绘制圆形，将圆形填充颜色设置为R120、G43、B40，双击形状图层，在打开的对话框中单击并设置"内阴影"和"投影"样式以对其进行修饰。

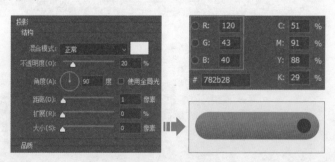

步骤 05 选择工具箱中的"自定形状工具"，在"形状"拾色器中选择"标志3"形状，绘制图形，并设置"投影"样式修饰图形。

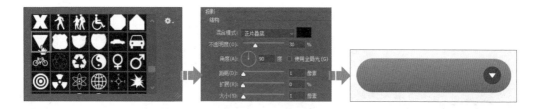

步骤 06 使用"横排文字工具"在按钮上单击，输入所需文字，打开"字符"面板，设置输入文字属性，并设置"投影"样式修饰文本。

步骤 07 按快捷键Ctrl+J，复制"圆角矩形1"形状图层，将图形填充颜色更改为R0、G150、B219，然后双击复制的图层，在打开的"图层样式"对话框中更改描边颜色。

步骤 08 再复制红色按钮上方的圆形、箭头及文本对象，将其移到蓝色的按钮上，再使用相同的方法复制图形，并利用"自定形状工具"绘制不同形状的箭头效果。

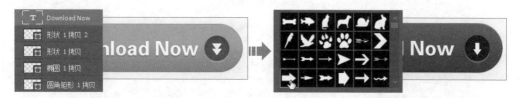

步骤 09 复制"正常状态"图层组，将其更改为"触碰状态"，盖印图层组中的所有圆角矩形，然后设置盖印图层中的图形填充颜色为白色，设置混合模式为"叠加"、"不透明度"为20%。

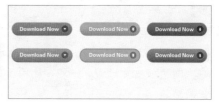

步骤 10 复制"正常状态"图层组，重命名为"按下状态"，然后双击圆角矩形所对应的图层，在打开的"图层样式"对话框中更改"内阴影"样式，表现按下状态的按钮效果。

## 5.2.2 金属质感按钮设计

根据其 App 功能的不同，按钮设计风格也有较大的区别。本案例中设计了一款金属质感的按钮效果，具体操作方法是使用"圆角矩形工具"先绘制出按钮的外形轮廓，再利用"渐变叠加"图层样式，在绘制的图形上叠加渐变颜色，然后通过复制图形，调整叠加渐变颜色的角度，使其呈现金属质感。

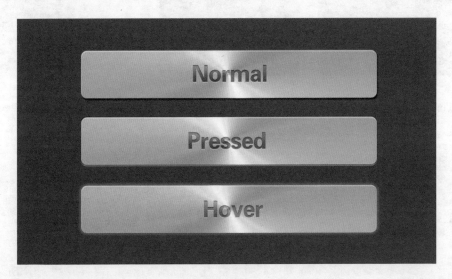

◎ 素　材：无

◎ 源文件：随书资源 \ 05 \ 源文件 \ 金属质感按钮设计.psd

步骤 01 新建文档，创建"颜色填充1"图层，在"拾色器（纯色）"对话框中将填充颜色设置为R52、G52、B52，指定背景颜色。

步骤 02 创建"正常状态"图层组，使用工具箱中的"圆角矩形工具"绘制所需的图形，设置图形填充颜色为R224、G224、B224。

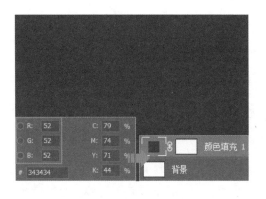
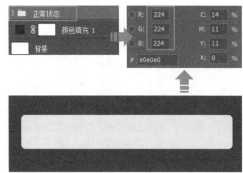

步骤 03 双击"圆角矩形1"形状图层，打开"图层样式"对话框，在"图层样式"对话框中分别单击并设置"内阴影""投影""描边""渐变叠加"样式，修饰图形。

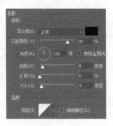
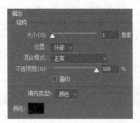
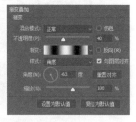

步骤 04 按快捷键Ctrl+J，复制图形，创建"圆角矩形1拷贝"图层，删除图层中的多余样式，然后打开"图层样式"对话框，更改"渐变叠加"样式选项。

步骤 05 按快捷键Ctrl+J，复制图层，创建"圆角矩形1拷贝2"图层，双击图层，打开"图层样式"对话框，在对话框中调整"渐变叠加"样式选项。

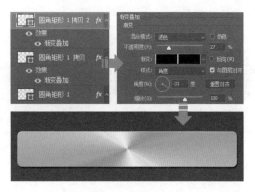

步骤 06 使用相同的方法复制图形，创建"圆角矩形1拷贝3"和"圆角矩形1拷贝4"图层，分别对这两个图层中的"渐变叠加"样式的"不透明度"和"角度"进行调整，变换样式效果。

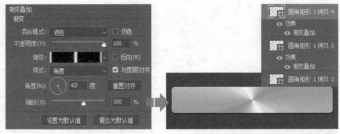

步骤 **07** 使用"横排文字工具"在按钮中间输入所需文字,打开"字符"面板,在面板中设置输入文字的属性,然后设置"内阴影""投影""渐变叠加"样式修饰文本效果。

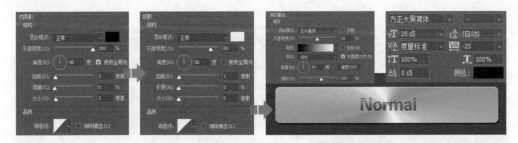

步骤 **08** 连续按两次快捷键Ctrl+J,复制"正常状态"图层组,分别重命名为"按下状态"和"悬停状态",再根据不同的按钮状态,利用"图层样式"中的样式修饰效果。

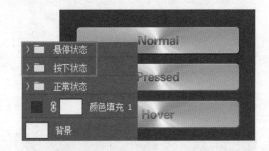

# 5.3 开关设计

开关是在移动 UI 设计中经常会遇到的一个控件,它用于开启和关闭某个功能或设置,其外观的设计也非常丰富。开关允许用户设置选择项,移动 UI 中的开关大多分为单选按钮、复选框和 ON/OFF 开关 3 种。

## 5.3.1 单选按钮开关设计

单选按钮开关只允许用户从一组选项中选择一个,如果需要看到所有可用的选项并排,那么最好选择使用单选按钮开关,这样更加节省空间。

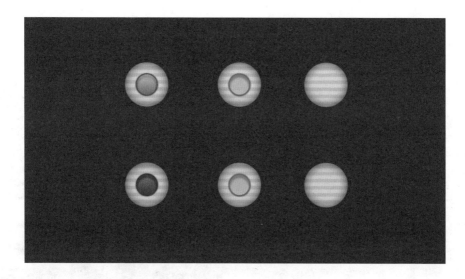

◎　素　材：无
◎　源文件：随书资源 \ 05 \ 源文件 \ 单选按钮开关设计.psd

步骤01 新建文档，设置前景色为R27、G33、B44，新建图层，按快捷键Alt+Delete，填充图层，设置"图案叠加"对其进行修饰。

步骤02 创建新的图层组，并在图层组中创建"active"图层组，选择"椭圆工具"，按住Shift键在画面中单击并拖动绘制正圆图形，设置图形填充颜色为R6、G6、B6。

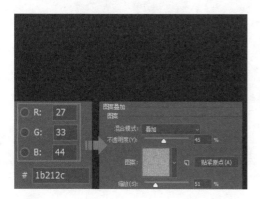

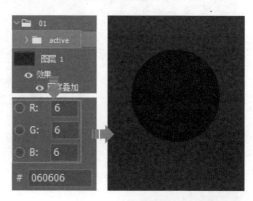

步骤03 将"椭圆1"图层转换为智能对象，执行"滤镜>模糊>高斯模糊"菜单命令，在打开的"高斯模糊"对话框中设置"半径"为8.0像素，应用滤镜模糊图像。

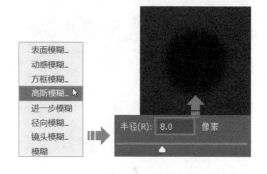

步骤 04 使用"椭圆工具"在模糊的图像上方再绘制一个正圆图形，双击形状图层，打开"图层样式"对话框，在对话框中设置"描边""内阴影""图案叠加"样式，修饰图形。

 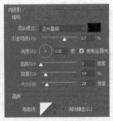 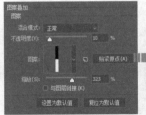 

步骤 05 使用"椭圆工具"再绘制一个正圆图形，设置"不透明度"为88%，执行"滤镜>模糊>高斯模糊"菜单命令，设置"半径"为6.0像素。

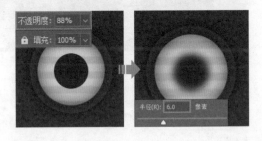

步骤 06 使用"椭圆工具"绘制圆形，双击形状图层，打开"图层样式"对话框，设置"内阴影"和"描边"样式修饰图形。

 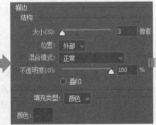 

步骤 07 复制图层组，重命名为inactive，双击图层组中的"椭圆4"图层缩览图，在打开的"渐变填充"对话框中更改圆形的填充颜色。

步骤 08 复制图层组，重命名为not select，展开图层组，删除图层组中的"椭圆3"和"椭圆4"图层，呈现未选中的按钮效果。

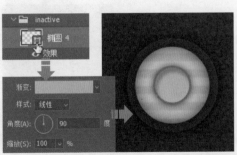  

**步骤 09** 按快捷键Ctrl+J，复制"01"图层组，使用"渐变填充"对话框更改圆形填充颜色，利用"图层样式"对话框更改圆形的描边颜色，展现不同颜色的单选按钮。

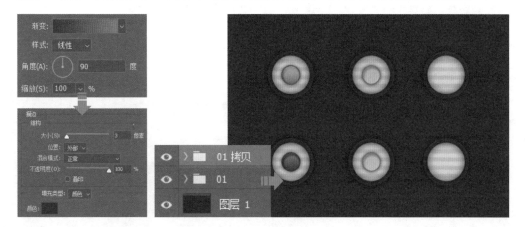

## 5.3.2　复选框开关设计

复选框开关允许用户从一组选项中选择多个，通过勾选的方式来对功能或设置的状态进行控制。如果需要在一个列表中出现多个开关设置，选择复选框开关是一种比较节省空间的好方式。

◎　素　材：无
◎　源文件：随书资源 \ 05 \ 源文件 \ 复选框开关设计.psd

步骤 01 新建文档，创建"选中状态"图层组，选择"自定形状工具"，打开"形状"拾色器，单击"选中复选框"形状，在画面中绘制图形并填充合适的颜色。

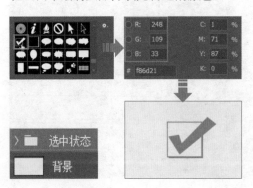

步骤 02 选择工具箱中的"椭圆工具"，按住Shift键单击并拖动，绘制圆形，设置圆形填充颜色为R213、G212、B212。

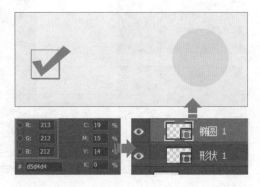

步骤 03 选择"形状1"图层，按快捷键Ctrl+J，复制图层，创建"形状1拷贝"图层，将图层中的复选框图形移到圆形中间位置。

步骤 04 复制"椭圆1"和"形状1拷贝"图层，更改"椭圆1拷贝"图层的填充颜色为R250、G223、B184。

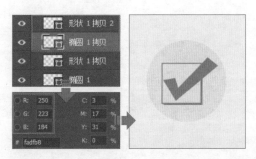

步骤 05 按快捷键Ctrl+J，再复制出更多的圆形和复选框图形，将图形移到所需的位置上，分别更改图形填充颜色为R102、G102、B102，R213、G212、B212。

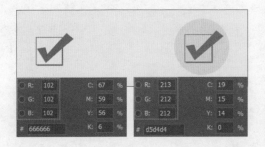

步骤 06 创建"未选中状态"图层组，选择"圆角矩形工具"，在选项栏中设置描边颜色为R46、G46、B46，描边宽度为2像素，"半径"为3像素，在画面中单击并拖动，绘制图形。

步骤 07 按快捷键Ctrl+J，复制圆角矩形，将复制的"圆角矩形1拷贝"图层移到"圆角矩形1"图层下方，设置描边宽度为5像素。

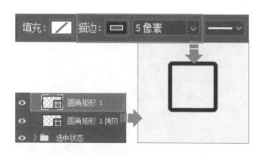

步骤 09 选择工具箱中的"椭圆工具"，按住Shift键单击并拖动，绘制圆形，设置圆形填充颜色为R183、G183、B183。

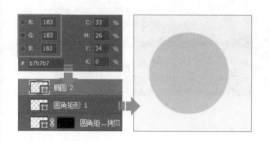

步骤 08 选择工具箱中的"多边形套索工具"，在画面中单击，创建多边形选区，单击"图层"面板中的"添加图层蒙版"按钮，添加蒙版。

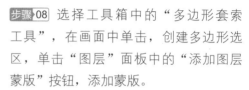
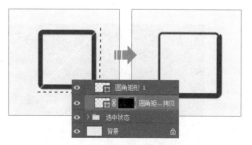

步骤 10 复制"圆角矩形1"和"圆角矩形1 拷贝"图层，创建"圆角矩形1拷贝2"和"圆角矩形1 拷贝3"图层，将复制图形移到所需位置。

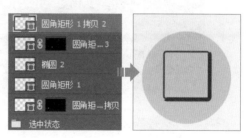

步骤 11 继续使用相同的方法，复制更多的圆角矩形图形和圆形，将图形移到合适的位置上，并更改颜色，最后输入简单文字说明，完善画面效果。

## 5.3.3 ON/OFF 开关设计

如果只有一个开启和关闭的选择，则可以使用 ON/OFF 开关。ON/OFF 开关可以切换单一设置选择的状态，开关的控制选项和它的状态，应该明确地展示出来，并且与内部的标签相一致。ON/OFF 开关主要通过动画来传达被聚焦和被按下的状态。

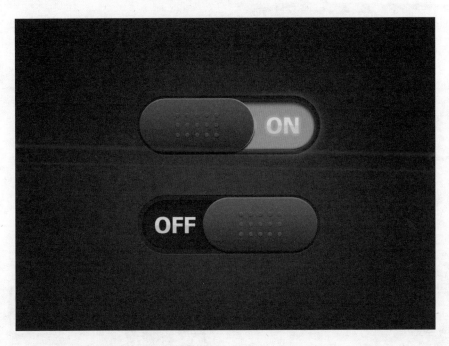

◎ 素 材：无
◎ 源文件：随书资源 \ 05 \ 源文件 \ ON/OFF开关设计.psd

步骤 01 新建文档，创建"渐变填充1"图层，打开"渐变填充"对话框，在对话框中设置渐变颜色及渐变样式等，应用设置为背景填充渐变颜色。

步骤 02 创建新图层组，选择工具箱中的"圆角矩形工具"，设置"半径"为150像素，在画面中单击并拖动绘制图形，设置图形填充颜色为R15、G16、B18。

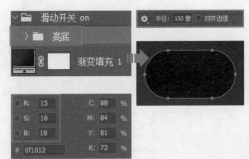

步骤 03 选择工具箱中的"直接选择工具"，单击选中圆角矩形左侧的锚点，拖动调整锚点位置，更改图形的外形，然后将图层"填充"值更改为0%。

步骤 04 双击形状图层，打开"图层样式"对话框，在对话框中单击"外发光"样式，在展开的选项卡中设置样式选项，应用设置的样式修饰图形效果。

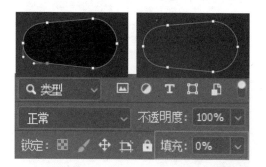

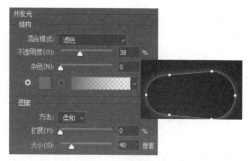

步骤 05 使用"圆角矩形工具"在绘制的图形上方再绘制一个圆角矩形，双击形状图层，打开"图层样式"对话框，在对话框中为图层中的图形添加"内阴影""渐变叠加""投影"图层样式，在图像窗口中查看设置后的效果。

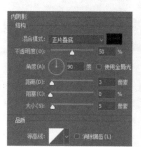

步骤 06 使用"圆角矩形工具"在已绘制图形右侧绘制一个圆角矩形，双击形状图层，打开"图层样式"对话框，在对话框中设置"外发光"和"投影"图层样式，然后设置图层的"填充"值为0%，降低填充透明度。

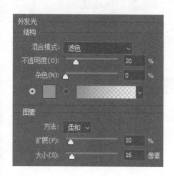

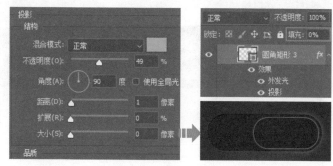

步骤 07 使用"圆角矩形工具"再绘制一个图形，双击形状图层，打开"图层样式"对话框，在对话框中设置"内阴影""内发光""投影"样式，修饰图形效果。

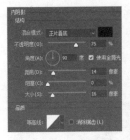 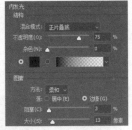 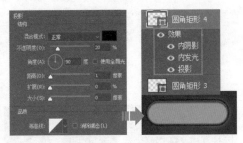

步骤 08 创建"滑动钮"图层组，使用相同的方法，结合"圆角矩形工具"和图层样式绘制出滑动按钮的外形轮廓。

步骤 09 在"滑动钮"图层组中创建"光影"图层组，在图层组中使用"圆角矩形工具"绘制图形，并为其添加"内阴影"样式。

步骤 10 按快捷键Ctrl+J，复制"光影"图层组中的图形，分别调整复制图形的"内阴影"样式的颜色和角度等，设置后在图像窗口中可以看到调整后的效果。

步骤 11 为"光影"图层组添加图层蒙版，选择"椭圆选框工具"，设置"羽化"值为5像素，在画面中绘制选区，单击"光影"蒙版缩览图，按快捷键Alt+Delete，将选区填充为黑色。

步骤 12 选择"椭圆工具"，单击选项栏中的"路径操作"按钮，在展开的列表中选择"合并形状"选项，在画面中绘制多个同等大小的圆形，并设置圆形填充颜色为R65、G70、B76。

步骤 13 双击圆形所在图层，打开"图层样式"对话框，在对话框中单击并设置"斜面和浮雕""投影"样式，设置后在图像窗口中可看到为圆形添加的样式效果。

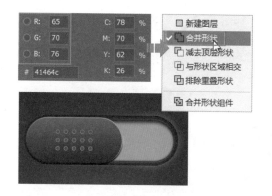
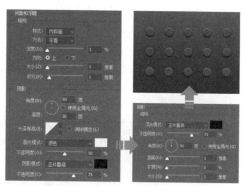

**步骤 14** 选择"横排文字工具"，在开关的适当位置单击，输入所需的文字，然后打开"字符"面板，在面板中设置文字属性，并使用图层样式修饰文字效果。

**步骤 15** 对编辑后的开关形状进行复制，然后根据要表现的开关状态，将多余的形状图层隐藏，并适当调整应用到图形上的样式，完成质感开关的设计。

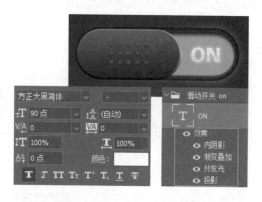
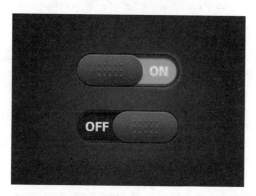

## 5.4　搜索栏设计

搜索栏是查找所需内容最快速的一种途径，所以它是电商 App 的主要功能，应该被放置在醒目的位置。在搜索栏中输入要查找的信息时，下方即可快速切换到相应的类目上。

### 5.4.1　清新自然的搜索栏设计

默认情况下，搜索栏通常由一个文本框加上一个搜索按钮组成。搜索栏可以根据 UI 的整体风格进行设计。下面在 Photoshop 中结合"圆角矩形工具"和"自定形状工具"制作出清新自然的搜索栏效果。

 ◎ 素　材：无
◎ 源文件：随书资源 \ 05 \ 源文件 \ 清新自然的搜索栏设计.psd

步骤 01 新建文档，创建"搜索栏01"图层组，选择工具箱中的"矩形工具"，设置填充颜色为白色，在画面中绘制所需图形。

步骤 02 双击"矩形1"形状图层，打开"图层样式"对话框，在对话框中设置"投影"样式以修饰图形。

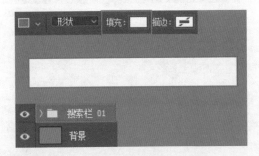

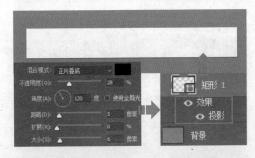

步骤 03 选择"圆角矩形工具"，在选项栏中设置"半径"为13像素，绘制图形，并设置图形填充颜色为R236、G236、B236。

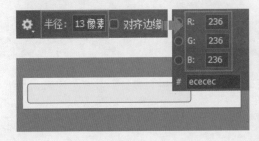

步骤 04 双击"圆角矩形1"形状图层，打开"图层样式"对话框，在对话框中设置"内阴影"样式以修饰图形。

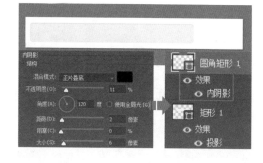

步骤 05 使用"圆角矩形工具"在灰色的图形右侧再绘制一个圆角矩形，单击选项栏中的填充色块，在展开的面板中更改填充类型和颜色。

步骤 06 双击形状图层，打开"图层样式"对话框，在对话框中设置"斜面和浮雕"样式，修饰图形增强其立体感。

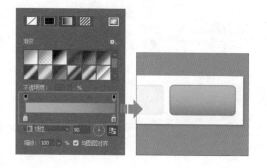

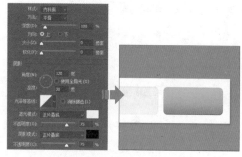

步骤 07 选择工具箱中的"自定形状工具"，打开"形状"拾色器，单击选择"搜索"形状，在画面中绘制图形并填充合适的颜色。

步骤 08 选择"横排文字工具"，在图形上输入所需的文字，打开"字符"面板，在面板中设置文字属性。

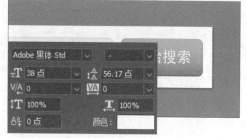

步骤 09 双击文本图层，打开"图层样式"对话框，在对话框中设置"投影"样式，修饰输入的文字效果。

步骤 10 按快捷键Ctrl+J，复制"搜索栏01"图层组，将复制得到的图形移到下方合适的位置，将"矩形1"图层"填充"值更改为21%。

**步骤 11** 选择"圆角矩形2"图层,在选项栏中单击填充色块,在展开的面板中更改图形填充颜色,完成搜索栏的设计。

## 5.4.2 木纹效果的搜索栏设计

随着 App 的不断开发和发展,搜索栏的设置也是越来越别出心裁。本案例即设计了一款木纹效果的搜索栏,在设计过程中,主要使用了"图案叠加"和"内阴影"等样式,并通过调整"填充"透明度来表现其质感。

◎ 素　材:随书资源\05\素材\03.jpg、04.png
◎ 源文件:随书资源\05\源文件\木纹效果的搜索栏设计.psd

步骤 01 创建新文档，将03.jpg素材图像置入到画面中，执行"编辑>定义图案"菜单命令，打开"图案名称"对话框，在对话框中输入图案名称，单击"确定"按钮，定义图案。

步骤 02 选择"矩形选框工具"，设置"羽化"值为200像素，创建矩形选区，按快捷键Ctrl+Shift+I，反选选区，创建"颜色填充1"图层，设置选区填充颜色为R61、G20、B1。

步骤 03 新建"正常状态"图层组，使用"圆角矩形工具"绘制所需图形，设置图形填充颜色为R85、G40、B14。

步骤 04 选中绘制的"圆角矩形1"形状图层，设置图层的"填充"值为50%，降低透明度效果。

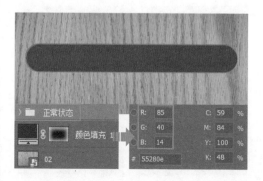

步骤 05 双击"圆角矩形1"形状图层，打开"图层样式"对话框，在对话框中单击并设置"内阴影""内发光""投影""图案叠加"样式以修饰图形。

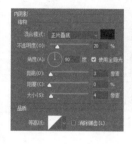
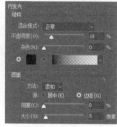
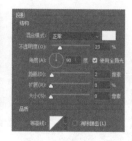

步骤 06 选择"自定形状工具",打开"形状"拾色器,单击选择"搜索"形状,绘制图形,双击形状图层,打开"图层样式"对话框,设置"投影"样式修饰图形。

步骤 07 使用"横排文字工具"在搜索栏左侧输入提示文本,打开"字符"面板,在面板中设置文字属性,然后双击文本图层,打开"图层样式"对话框,设置"投影"样式修饰文本。

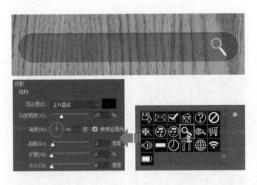

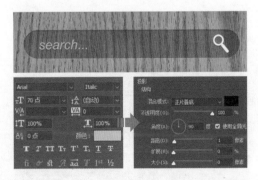

步骤 08 按快捷键Ctrl+J,复制"正常状态"图层组,将复制的图层组重命名为"悬停状态",并移到下方所需的位置。

步骤 09 展开"悬停状态"图层组,复制"圆角矩形1"图层,单击图层样式前的"切换所有图层效果可见性"按钮,隐藏图层样式。

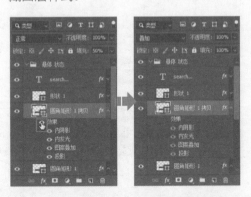

步骤 10 将复制的"圆角矩形1拷贝"图层中的图形填充颜色更改为R255、G255、B255,再添加并编辑蒙版。

步骤 11 将04.png素材图像置入到搜索栏右侧所需的位置,按快捷键Ctrl+T,将图形调整到合适的大小并移至适当的位置。

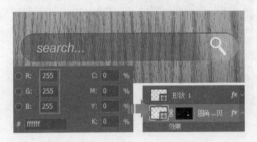

# 5.5 Tab 标签设计

随着 App 内容的日益丰富，Tabs 方式也越来越多地被使用，Tabs 这一展现方式使得在不同的视图和功能间探索和切换，以及浏览不同类别的数据集合信息变得更加简单。精心设计的 Tab 能通过与其他 Tab 的不同来清晰地表达用户当前所处位置。

## 5.5.1　线性风格的 Tab 标签设计

线性风格的 Tab 标签是 UI 设计中最为常用的，此类风格的标签能够给用户留下简洁、美观的印象。线性风格的 Tab 标签设计主要是先使用形状工具绘制出标签的外形轮廓，再利用选项栏中的描边选项来指定其描边线条的宽度，最后添加标签分类文本。

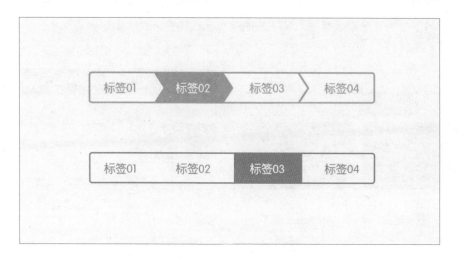

◎ 素　材：无
◎ 源文件：随书资源 \ 05 \ 源文件 \ 线性风格的Tab标签设计.psd

步骤 01 新建文档，设置前景色为R238、G238、B238，新建"图层1"图层，按快捷键Alt+Delete，填充颜色。

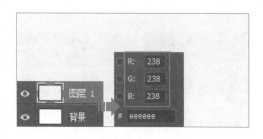

步骤 02 创建"标签1"图层组，使用"圆角矩形工具"绘制所需图形，再在选项栏中设置描边颜色为R26、G188、B156，描边宽度为6像素，"半径"为10像素。

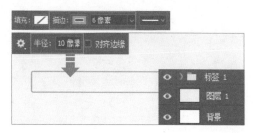

步骤 03 选择工具箱中的"钢笔工具"，绘制出所需的图形，设置图形填充颜色为R26、G188、B156。

步骤 04 按快捷键Ctrl+J，复制"形状1"图层，创建"形状1拷贝"图层，使用"直接选择工具"调整图形的外形轮廓。

步骤 05 选择工具箱中的"横排文字工具"，在标签上输入所需的文字，然后打开"字符"面板，分别调整输入文字的字体和颜色等属性。

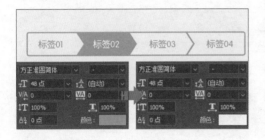

步骤 06 新建"标签2"图层组，选择"圆角矩形工具"，绘制所需的图形，然后在选项栏中更改图形描边颜色。

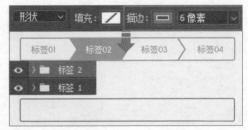

步骤 07 按快捷键Ctrl+J，复制图形，打开"属性"面板，将圆角矩形的半径设置为0像素，使其转换为直角效果，再将其调整至合适的大小。

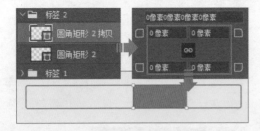

步骤 08 选择工具箱中的"直线工具"，在选项栏中设置填充颜色和线条粗细值，按住Shift键单击并拖动，绘制垂直的直线段。

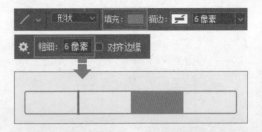

步骤 09 选择工具箱中的"横排文字工具"，在标签上输入所需的文字，然后打开"字符"面板，分别调整输入文字的字体和颜色等属性。

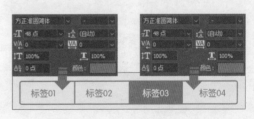

## 5.5.2　图文结合的 Tab 标签设计

　　一些 App 中除了有比较简洁的线性 Tab 标签外，有时也会将其与图标结合起来。本案例即为设计的一个图文结合的 Tab 标签，在设计时，主要使用了图层样式为图形添加投影、斜面和浮雕等效果，使绘制的 Tab 标签具有立体感。

◎　素　材：无
◎　源文件：随书资源 \ 05 \ 源文件 \ 图文结合的Tab标签设计.psd

步骤 01　创建新文档，新建"渐变填充1"调整图层，设置渐变颜色填充背景，选择工具箱中"圆角矩形工具"绘制图形，设置图形填充颜色为R44、G42、B43。

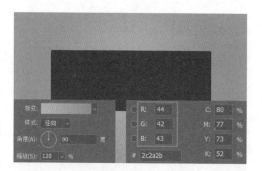

步骤 02　双击"圆角矩形1"形状图层，打开"图层样式"对话框，在对话框中单击并设置"描边"和"投影"样式，然后在图像窗口中查看编辑后的效果。

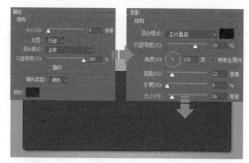

步骤 03　按快捷键Ctrl+J，复制图形，打开"属性"面板，在面板中的左下角和右下角的文本框中输入数值0，将圆角矩形的左下角和右下角转换为直角效果。

步骤 04　双击复制的"圆角矩形1拷贝"图层，打开"图层样式"对话框，设置"斜面和浮雕""投影""描边"样式，应用设置的样式修饰图形，增强层次。

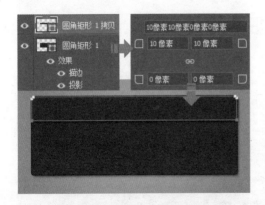

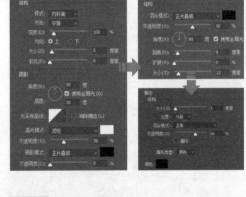

步骤 05 继续使用"圆角矩形工具"绘制图形，打开"属性"面板，同样在面板中的左下角和右下角的文本框中输入数值0，将圆角矩形的左下角和右下角转换为直角效果。

步骤 06 双击绘制的"圆角矩形2"图层，打开"图层样式"对话框，在对话框中分别单击"斜面和浮雕"和"描边"样式并设置样式选项。

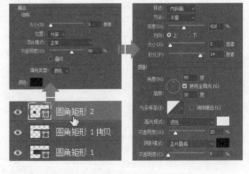

步骤 07 连续按快捷键Ctrl+J，复制多个图形，按→键，分别将复制的图形移到合适的位置。

步骤 08 双击"圆角矩形2拷贝3"图层，打开"图层样式"对话框，在对话框中设置"内阴影"样式修饰图形，展现标签被选中时的效果。

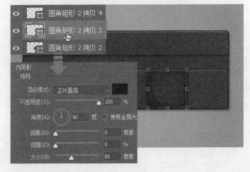

步骤 09 继续使用"圆角矩形工具"绘制图形，双击"圆角矩形3"形状图层，打开"图层样式"对话框，在对话框中设置"内阴影"和"投影"样式对其进行修饰。

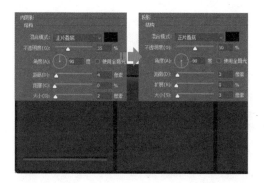

步骤 10 连续按快捷键Ctrl+J，复制多个图形，分别将复制的图形移到合适的位置，然后双击"圆角矩形3拷贝3"图层缩览图，在打开的"拾色器（纯色）"对话框中更改图形填充颜色。

步骤 11 选择"钢笔工具"，在圆角矩形中间绘制所需图形，并为绘制的图形填充合适的渐变颜色。

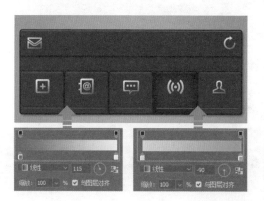

步骤 12 创建"图标"图层组，将绘制的图标图形移到图层组中，双击图层组，在打开的"图层样式"对话框中设置"投影"样式加以修饰。

步骤 13 选择工具箱中的"横排文字工具"，在画面中适当的位置单击，输入所需的文字，并根据需要调整文字的大小。

# 5.6 进度条设计

成功的 App 肯定会有一个优秀的 App 进度条。进度条是进入某个页面或某个 App 的过程中，App 在缓冲和加载信息时所显示出来的控件，它主要用于显示当前加载的百分比，以便让用户掌握相关的数据和进度。进度条设计的显示类型有线形、圆形和不规则形进度指示器 3 种。

## 5.6.1 线形进度条设计

线形进度条应始终从 0 开始标记到 100，并且永远不会变成小于 0 或大于 100 的值，当指示器达到 100 时，也不会返回到 0 再重新开始。有的线形进度条会将加载信息的百分比显示出来，有的则只包含一个进度条，用户只能通过观察线形的长短大致猜测加载进度。

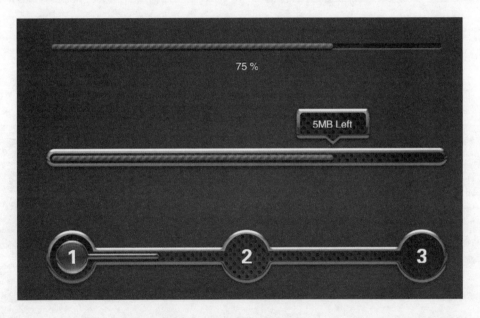

◎ 素　材：随书资源 \ 05 \ 素材 \ 05.jpg
◎ 源文件：随书资源 \ 05 \ 源文件 \ 线形进度条设计.psd

**步骤 01** 新建文档，设置前景色为R51、G51、B51，背景色为R18、G18、B18，选择"渐变工具"，在工具栏中"选择"前景色到背景色"渐变"，单击"径向渐变"按钮，在画面中单击并拖动填充渐变颜色。

**步骤 02** 选择工具箱中的"圆角矩形工具"，在画面中单击并拖动，绘制图形，然后在"图层"面板中设置"填充"值为0%。

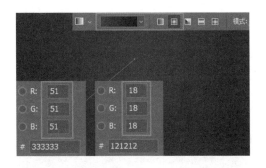
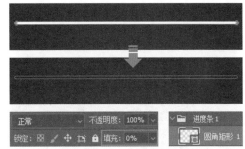

**步骤 03** 双击"圆角矩形1"形状图层，打开"图层样式"对话框，在对话框中单击并设置"内阴影""外发光""投影""颜色叠加"样式，应用设置的样式修饰图形。

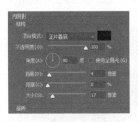
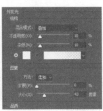

**步骤 04** 按快捷键Ctrl+J，复制"圆角矩形1"图层，创建"圆角矩形1拷贝"图层，使用"直接选择工具"选中图形右侧的锚点，按←键，调整锚点位置更改图形外形轮廓。

**步骤 05** 单击选项栏中的填充色块，在展开的"设置形状填充类型"面板中更改填充类型为渐变，并重新设置渐变颜色，应用设置的渐变颜色填充图形。

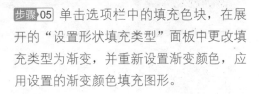

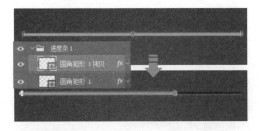
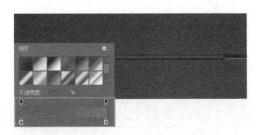

**步骤 06** 双击"圆角矩形1拷贝"图层，打开"图层样式"对话框，在对话框中取消勾选"内阴影"和"颜色叠加"复选框，隐藏图层样式，单击并设置"斜面和浮雕""外发光""图案叠加"样式，修饰图形。

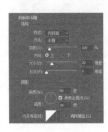

步骤 07 选择工具箱中的"横排文字工具",在进度条下方输入说明文字,打开"字符"面板,在面板中设置文字属性,设置后在图像窗口中查看编辑效果。

步骤 08 创建"进度条2"图层组,使用"圆角矩形工具"绘制出所需的图形,然后在"图层"面板中设置图层的"不透明度"为25%,降低透明度效果。

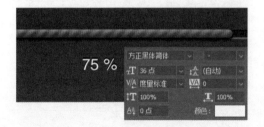

步骤 09 双击"圆角矩形2"图层,打开"图层样式"对话框,在对话框中单击并设置"斜面和浮雕"和"渐变叠加"样式,修饰图形。

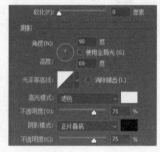

步骤 10 按快捷键Ctrl+J,复制图层,得到"圆角矩形2拷贝"图层,设置图层"不透明度"为100%、"填充"值为0%。

步骤 11 双击"圆角矩形2拷贝"图层,打开"图层样式"对话框,在对话框中单击并设置"投影"和"渐变叠加"样式。

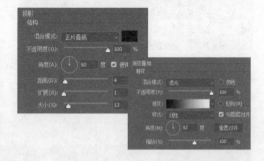

步骤 12 继续在"图层样式"对话框中进行设置,分别单击"斜面和浮雕""内发光""光泽"样式,然后在展开的选项卡中设置样式选项,在图像窗口中可以看到应用样式编辑后的图形效果。

**步骤13** 使用"圆角矩形工具"绘制出另外一个图形，填充颜色，打开05.jpg素材图像，使用"矩形选框工具"选取图像，按快捷键Ctrl+C，复制选区中的图像。

**步骤14** 返回创建的文档中，按快捷键Ctrl+V，粘贴图像，执行"图层>创建剪贴蒙版"菜单命令，或者按快捷键Ctrl+Alt+G，创建剪贴蒙版。

**步骤15** 复制"圆角矩形1拷贝"图层，得到"圆角矩形1拷贝2"图层，将图层中的图形移到合适的位置。

**步骤16** 使用相同的方法，结合形状工具和图层样式等，进一步完善进度条效果并完成另一种进度条的设计，在图像窗口中查看编辑完成后的效果。

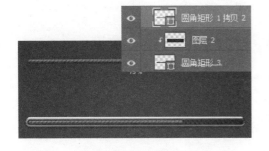

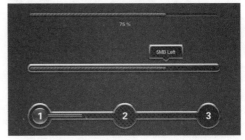

## 5.6.2　圆形进度条设计

圆形进度条既可以设计为一个简单的圆形，也可以与有趣的图标或刷新图标结合在一起使用，它的设计与线形进度条相比更加丰富。本案例即为设计的圆形进度条效果，通过利用渐变的圆形，可以比较清楚地了解当前 App 的加载进度。

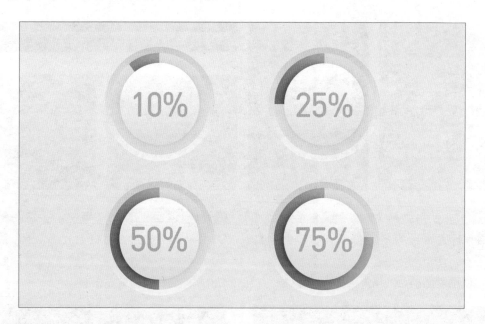

◎ 素　材：无
◎ 源文件：随书资源 \ 05 \ 源文件 \ 圆形进度条设计.psd

步骤 01 新建文档，创建图层组，选择工具箱中的"椭圆工具"，按住Shift键单击并拖动，绘制圆形，并为绘制的圆形填充合适的渐变颜色。

步骤 02 按快捷键Ctrl+J，复制图形，创建"椭圆1拷贝"图层，执行"编辑>变换>缩放"菜单命令，按住快捷键Shift+Alt，单击并向内侧拖动，将复制的圆形缩放到合适的大小。

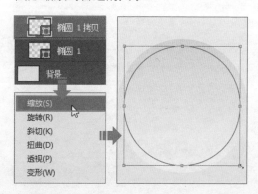

步骤 03 单击选项栏中的填充色块，在展开的"设置形状填充类型"面板中单击"拾色器"按钮，在打开的"拾色器（填充颜色）"对话框中重新设置圆形填充颜色。

步骤 04 在图像窗口中查看更改填充类型和颜色后的圆形效果，按快捷键Ctrl+J，复制"椭圆1拷贝"图层，得到"椭圆1拷贝2"图层。

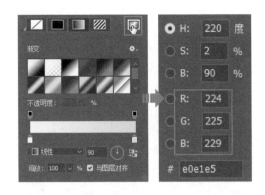 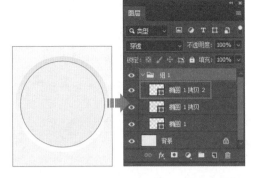

**步骤 05** 单击选项栏中的填充色块，在展开的"设置形状填充类型"面板中单击"渐变"按钮，更改填充类型，然后在下方重新设置要填充的渐变颜色。

**步骤 06** 选择工具箱中的"多边形套索工具"，在画面中连续单击，创建多边形选区，选中"椭圆 1 拷贝 2"图层，单击"图层"面板中的"添加图层蒙版"按钮，添加蒙版效果。

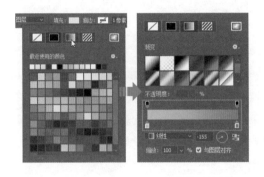 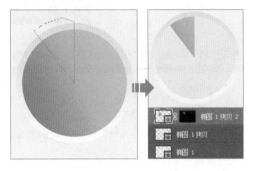

**步骤 07** 按快捷键 Ctrl+J，复制图层，得到"椭圆 1 拷贝 3"图层，删除图层蒙版，将图层中的圆形缩放到合适的大小，展开"设置形状填充类型"面板，设置图形填充颜色，双击形状图层，打开"图层样式"对话框，设置"投影"样式修饰图形。

 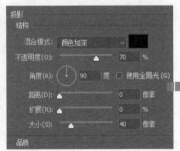 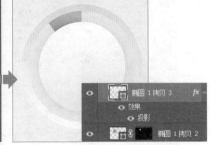

**步骤 08** 选择工具箱中的"横排文字工具"，在适当的位置单击，输入文字，打开"字符"面板，在面板中设置文字的属性。

**步骤 09** 连续按快捷键 Ctrl+J，复制"组 1"图层组，将复制的图层组中的对象分别移到合适的位置。

步骤 10 选择"组1拷贝"图层组中的"椭圆1拷贝2"图层，使用"多边形套索工具"创建选区，将选区填充为白色，调整进度。

步骤 11 使用相同的方法，调整其他进度条中的进度展示，并根据进度条调整中间的数据信息，完成进度条的制作。

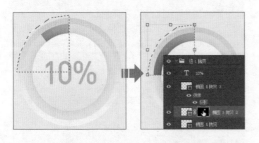

## 5.6.3 蓝色创意进度条设计

当用户进入页面加载时，漂亮的进度条设计往往更能打动人心，使漫长的等待不再枯燥。因此，进度条的设计，除了采用比较工整的线条或圆形进行表现外，有时候也可以进行一些创意性的设计，本案例就是通过将多个矩形和圆形图形进行适当的组合，创建出更加个性化的进度条效果。

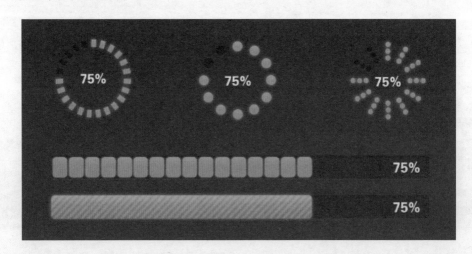

◎ 素 材：无
◎ 源文件：随书资源 \ 05 \ 源文件 \ 蓝色创意进度条设计.psd

步骤01 新建文档，设置前景色为R41、G46、B50，新建"图层1"图层，按快捷键Alt+Delete，为"图层1"图层填充设置的颜色。

步骤02 创建图层组，选择工具箱中的"矩形工具"，在画面中绘制出所需的图形，并为图形填充合适的颜色。

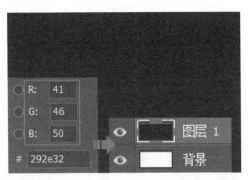

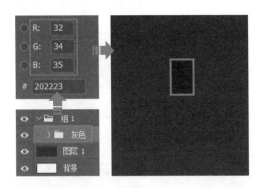

步骤03 选中绘制的矩形，按快捷键Ctrl+T，打开自由变化编辑框，将鼠标指针移到编辑框右上角，单击并拖动将图形旋转至合适的角度。

步骤04 连续按快捷键Ctrl+J，复制出多个矩形图形，并利用自由变换工具分别将每个图形旋转至合适的角度。

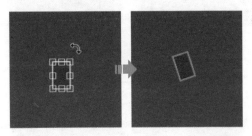

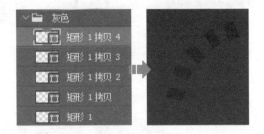

步骤05 双击"灰色"图层组，打开"图层样式"对话框，在对话框中单击"内阴影"和"投影"样式，在展开的选项卡中设置样式选项，对修饰图层组中的图形。

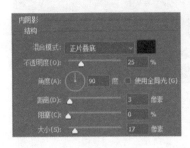

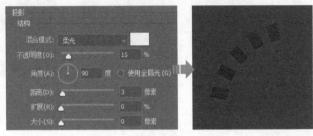

步骤06 复制矩形，得到"矩形1拷贝5"图层，新建"蓝色"图层组，将"矩形1拷贝5"图层移到图层组中，调整角度并将图形填充颜色更改为R11、G156、B255。

步骤07 连续按快捷键Ctrl+J，复制出更多蓝色的矩形，利用自由变换编辑框旋转图形，然后将旋转后的图像移到合适的位置，排列成一个圆形。

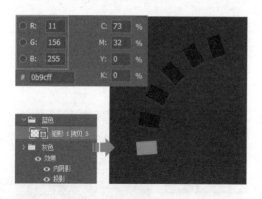

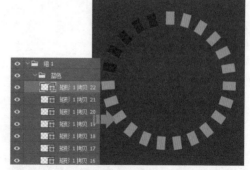

**步骤08** 双击"蓝色"图层组,打开"图层样式"面板,在面板中设置"斜面和浮雕""外发光""渐变叠加"样式,利用设置的样式修饰蓝色图形。

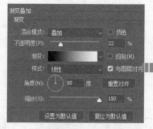

**步骤09** 使用"横排文字工具"在适当的位置单击,输入所需的文字,再打开"字符"面板,对文字的属性进行设置。

**步骤10** 参考前面绘制进度条的主法和设置,制作出另外几种样式的进度条,在图像窗口中可以看到编辑后的效果。

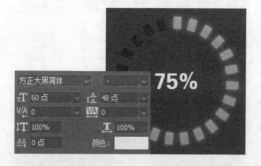

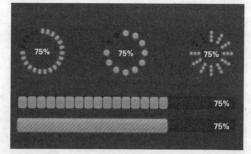

# 5.7 列表框设计

列表框用于提供一组条目,用户可以选择其中一个或多个条目,但是不能直接编辑列表框的数据。在移动 UI 设计中,列表框通常用于数据和信息的展示与选择,最适合用于显示同类的数据类型或数据类型组,如图片和文本等。

## 5.7.1　简洁列表框设计

大多数 App 都会使用到列表框，并且其列表框的设计都采用比较简洁的方式进行表现。本案例就设计了一个简洁的列表框效果，使用形状工具先绘制出列表框标题栏，再绘制下方的列表选项，在列表选项中输入文字，并绘制简单的小图标。

◎ 素　材：无
◎ 源文件：随书资源 \ 05 \ 源文件 \ 简洁列表框设计.psd

步骤 01　在Photoshop中创建一个新文档，新建"图层1"图层，并将图层颜色填充为R247、G138、B120，选择工具的"圆角矩形工具"绘制出所需形状。

步骤 02　双击形状图层，打开"图层样式"对话框，在对话框中单击并设置"投影"选项，为图形添加投影样式。

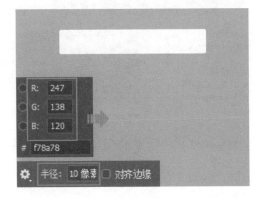

**步骤 03** 使用"圆角矩形工具"再绘制一个圆角矩形,选择"自定形状工具",单击选项栏中的"路径操作"按钮,在展开的列表中单击"合并形状"选项,使用"自定形状工具"在圆角矩形右上方位置绘制三角形效果。

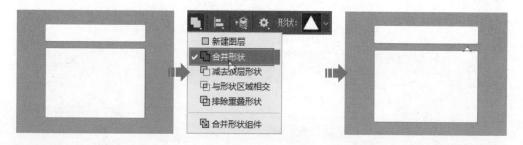

**步骤 04** 双击形状图层,打开"图层样式"对话框,在对话框中单击并设置"投影"样式,修饰图形。

**步骤 05** 选择"矩形工具"绘制出所需图形,设置图形填充颜色为R247、G138、B120,设置图层"不透明度"为70%,降低透明度效果。

**步骤 06** 结合"矩形工具"和"钢笔工具"等形状工具,绘制所需要图标形状,然后分别为其填充适当的颜色。

**步骤 07** 选择工具箱中的"横排文字工具",在适当的位置单击,输入所需的文字,打开"字符"面板,设置文字属性。

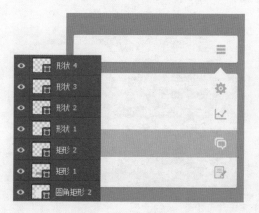

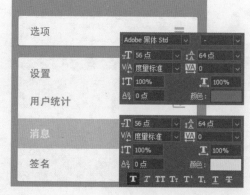

## 5.7.2　立体化列表框设计

　　除了简洁风格的列表框，有些 App 为了体现立体感和层次感，会对列表框采用立体化的设计，具体实现方法就是先绘制列表框的外形轮廓，然后利用丰富的样式来对其进行修饰，如添加投影、斜面和浮雕效果等。

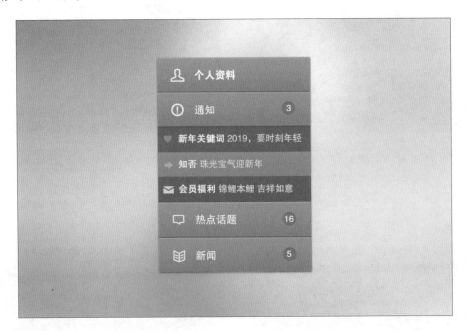

◎ 素　材：06.jpg
◎ 源文件：随书资源 \ 05 \ 源文件 \ 立体化列表框设计.psd

步骤 01　新建文档，将06.jpg素材图像置入到画面中，执行"滤镜>模糊>高斯模糊"菜单命令，在打开的对话框中设置"半径"为110像素，模糊图像。

步骤 02　选择工具箱中的"矩形工具"，绘制一个矩形，设置矩形填充颜色为R45、G95、B178，双击"矩形1"图层，打开"图层样式"对话框，设置"投影"样式对其进行修饰。

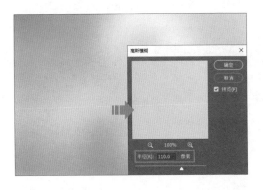

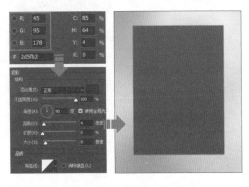

步骤 03 创建"个人资料"图层组,使用"矩形工具"再绘制一个矩形,将矩形填充颜色更改为R79、G125、B202。

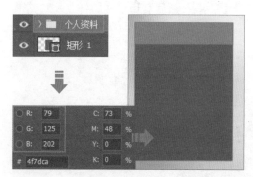

步骤 04 双击"矩形2"形状图层,打开"图层样式"对话框,单击"渐变叠加"样式,在展开的选项卡中设置样式选项。

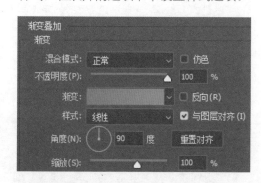

步骤 05 继续在"图层样式"对话框中对其他样式进行处理,分别单击"内阴影"和"投影"样式,在展开的选项卡中设置样式选项,对图形加以修饰。

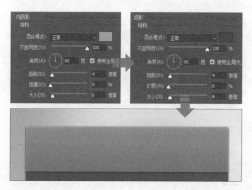

步骤 06 使用"钢笔工具"在矩形左侧绘制所需的图标,然后使用"横排文字工具"在图标右侧输入文字,打开"字符"面板,在面板中设置文字的属性。

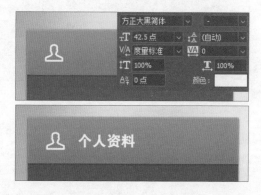

步骤 07 创建"通知"图层组,并在其中创建"通知栏"图层组,使用"矩形工具"绘制图形,得到"矩形3"图层,右击"矩形2"下方的图层样式,在弹出的快捷菜单中执行"拷贝图层样式"命令,再选中并右击"矩形3"图层,在弹出的快捷菜单中执行"粘贴图层样式"命令,粘贴样式效果。

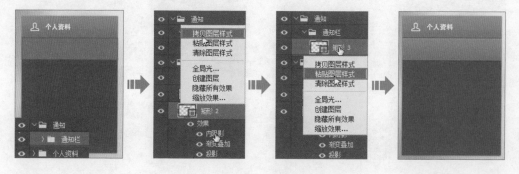

步骤 08 使用"椭圆工具"在矩形的两侧分别绘制圆形，得到"椭圆1"和"椭圆2"图层，双击"椭圆2"图层，打开"图层样式"对话框，在对话框中单击并设置"内阴影"和"投影"样式以对其进行修饰。

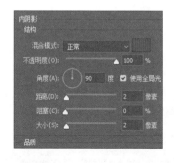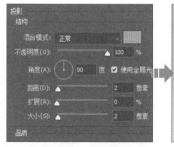

步骤 09 使用"横排文字工具"在合适的位置单击，输入文字，利用"投影"图层样式对文字进行修饰。

步骤 10 使用"钢笔工具"在画面中绘制所需的图标形状，然后使用"横排文字工具"在右侧输入通知内容。

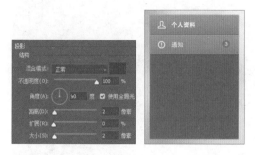

步骤 11 按快捷键Ctrl+J，复制"通知栏"图层组，将复制的图层组中的对象分别移到合适的位置。

步骤 12 更改图层组名，并根据要表现的内容，更改图层组中的图标和文字内容，完成列表框的设计。

# 5.8　对话框设计

对话框用于提示有异常发生或提出询问等，是一个多种 UI 元素组成的控件，对话框中可能会包含按钮、文本框和图标等。App 通过对话框让用户作出某些决定或填写一些信息以完成任务。由于对话框中可能包含多个元素，所以设置时要注意对各个控件的风格进行统一设计，无论是质感、形状，还是颜色，都要使其形成一套较为完整、和谐的搭配。

## 5.8.1　半透明的登录对话框设计

在初次启动或执行某些操作时，一些 App 会弹出登录对话框，提示用户登录以进行后续操作。设计登录对话框常涉及按钮和文本框的制作，本案例即制作了一个半透明效果的登录对话框，通过应用形状工具对对话框进行布局，再通过调整其透明度和添加所需的文字效果，完成最终设计。

◎ 素　材：随书资源 \ 05 \ 素材 \ 07.jpg
◎ 源文件：随书资源 \ 05 \ 源文件 \ 半透明的登录对话框设计.psd

步骤 01 新建文档，将07.jpg素材图像置入到画面中，选择工具箱中的"圆角矩形工具"，在图像窗口中单击并拖动，绘制一个圆角矩形，接着使用"属性"面板调整矩形的填充颜色和圆角弧度。

步骤 02 双击"圆角矩形1"形状图层，打开"图层样式"对话框，设置"描边"样式修饰绘制的图形，然后设置图层"填充"为10%，降低透明度效果。

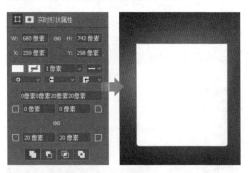

步骤 03 使用"圆角矩形工具"在已绘制的图形上方再绘制一个圆角矩形，然后在"属性"面板中将左下角和右下角的半径设置为0像素，调整图形外观。

步骤 04 双击"圆角矩形2"形状图层，打开"图层样式"对话框，在对话框中设置"颜色叠加"样式修饰图形，然后设置图层"填充"为0%，降低透明度效果。

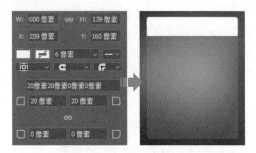

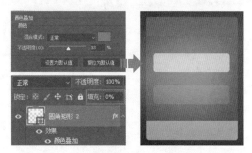

步骤 05 继续使用相同的方法，利用"圆角矩形工具"在图像窗口中绘制更多图形，然后为图形设置合适的样式，并根据需要降低各图形的透明度，设置后在图像窗口中查看效果。

步骤 06 选择工具箱中的"椭圆工具"，按住Shift键单击并拖动，绘制一个白色圆形，双击"椭圆1"形状图层，在打开的"图层样式"对话框中设置"投影"和"描边"样式以对其进行修饰。

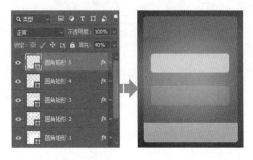

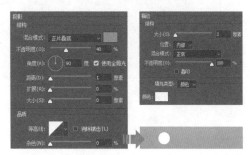

步骤 07 打开"图层"面板，在面板中设置"椭圆1"图层的"填充"为0%，仅显示图层中应用的样式效果。

步骤 08 按两次快捷键Ctrl+J，复制出两个圆形图形，使用"移动工具"将复制的圆形移到右侧的合适位置。

步骤 09 使用"钢笔工具"绘制出所需的图标形状，并设置图形填充颜色为白色，选择工具箱中的"横排文字工具"，在适当的位置单击，输入所需的文字，根据需要适当降低部分图形和文字的透明度。

# 5.8.2 可爱的游戏对话框设计

在游戏类 App 中经常见到各式各样的对话框，这些对话框主要用来指示或指导用户进行游戏操作，其设计需要根据 App 的整体风格考虑。本案例中就采用了非常活泼可爱的表现风格，通过在绘制的图形中添加各种样式，使对话框中的装饰元素和图标呈现立体效果。

◎ 素　材：无

◎ 源文件：随书资源\05\源文件\可爱的游戏对话框设计.psd

步骤 01 新建文档，设置背景填充颜色为 R1、G158、B193，选择工具箱中的"圆角矩形工具"，在图像窗口中绘制图形并对图形的外观进行调整，设置图形填充颜色为R255、G200、B118。

步骤 02 双击"圆角矩形1"形状图层，打开"图层样式"对话框，在对话框中设置"内发光"和"投影"样式修饰图形。

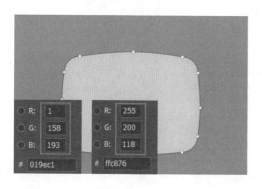
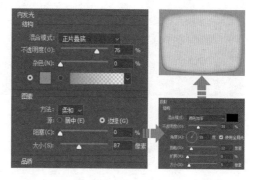

步骤 03 使用"圆角矩形工具"绘制圆角矩形，双击图层，打开"图层样式"对话框，在对话框中设置"内阴影"和"图案叠加"样式修饰图形。

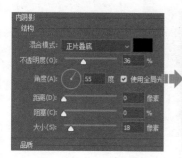

步骤 04 新建"装饰元素"图层组，选择"钢笔工具"绘制出所需的图形，并分别为这些图形填充合适的颜色。

步骤 05 选择工具箱中的"多边形工具"，设置"边"为5，展开"路径选项"面板，勾选"平滑拐角"和"星形"复选框，绘制星形图形，并对绘制的图形进行斜切变换。

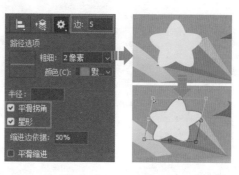

步骤 06 选中星形和旁边其他装修图形，按快捷键Ctrl+J，复制图形，然后将复制得到的图形移到右侧适当位置，双击图层组，打开"图层样式"对话框，设置"投影"样式修饰图层组中的图形。

步骤 07 创建"等级"图层组，使用"多边形工具"再绘制一个星形图形，双击图层，在打开的"图层样式"对话框中设置"投影"样式对其进行修饰。

步骤 08 按快捷键Ctrl+J，复制图形，得到"多边形2拷贝"图层，删除应用的"投影"样式，并将其调整至合适的大小，然后在"设置形状填充类型"面板中更改填充类型和填充颜色。

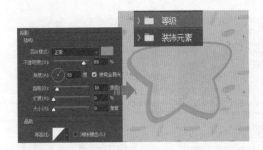

步骤 09 按快捷键Ctrl+J，复制图形，得到"多边形2拷贝2"图层，利用路径编辑工具更改星形的外形，在"设置形状填充类型"面板中更改填充颜色。

步骤 10 双击图层，打开"图层样式"对话框，在对话框中单击并设置"斜面和浮雕"样式，修饰变形后的星形图案。

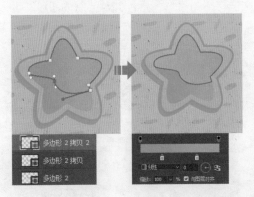

步骤 11 使用"钢笔工具"在星星图案上绘制其他所需图形，得到对应的形状图层，选中"形状8"图层，添加图层蒙版，并应用"渐变工具"编辑蒙版，创建渐隐的图形效果。

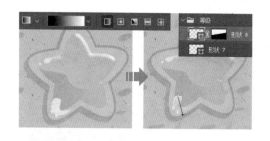

步骤 12 按两次快捷键Ctrl+J，复制"等级"图层组，得到"等级拷贝"和"等级拷贝2"图层组，将图层组中的图形移到合适的位置上。

步骤 13 创建"按钮"图层组，使用"圆角矩形工具"在画面中绘制所需的图形，并设置填充颜色为R84、G221、B214。

步骤 14 按快捷键Ctrl+J，复制图形，利用"直接选择工具"选择并更改锚点位置，调整图形的外形，并设置填充颜色为R108、G223、B218，然后使用"投影"样式对其进行修饰。

步骤 15 选择"椭圆工具"，单击"路径操作"按钮，在展开的列表中单击"合并形状"选项，在画面中绘制所需图形，并设置填充颜色为R207、G246、B245。

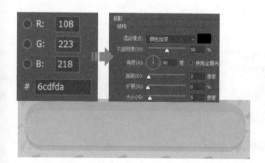

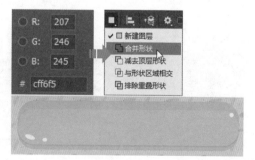

步骤 16 复制"按钮"图层组中的所有图形，并将其向下移到合适的位置，并根据需要调整图形的填充颜色，使用"横排文字工具"在画面中单击输入所需的文字，打开"字符"面板，设置文字属性。

步骤 17 分别创建"其他装饰元素"和"关闭按钮"图层组，应用相同的方法，使用形状工具在画面中绘制出更多所需的图形。

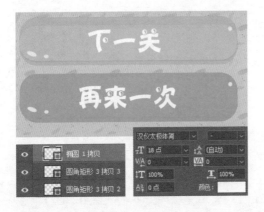
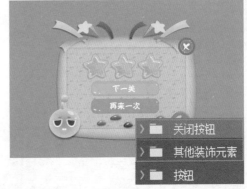

**步骤 18** 最后使用"横排文字工具"在画面中输入文字"胜利",打开"字符"面板,在面板中对文字的属性进行设置,然后使用"斜面和浮雕""渐变叠加""投影"样式对其进行修饰。

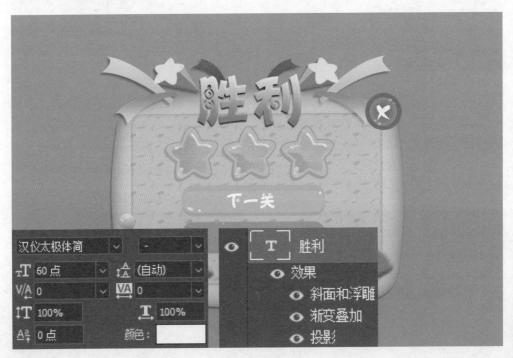

# 扁平化风格的旅游App

第6章

旅游出行类 App 是人们出门旅行的好伙伴，用户只需动动手指，就可以随时把握最新的旅游资讯、旅游攻略、景点信息等，还可以实时享受查机票、订酒店、订门票等服务。本案例要完成的是一款扁平化风格的旅游 App 的 UI 设计。

◎ 素  材：随书资源 \ 06 \ 素材 \ 01.jpg～15.jpg
◎ 源文件：随书资源 \ 06 \ 源文件 \ 扁平化风格的旅游App.psd

# 6.1 分析用户需求

目前，市面上有很多的旅游 App，但是大部分都是用于购买门票和订酒店，对于那些想玩却又没有经验的用户来讲，其能提供的帮助并不大，因此我们可以针对这类人群设计一款 App。对于很多想玩但又不会玩的用户而言，他们并不关心门票和酒店，反而更加关心整个行程的安排，如可以去哪些主要的景点，以及景点的特色是什么等。因此，针对这些问题，设计的 UI 除了包含首页和个人中心等主要页面外，还可以包含目的地推荐、攻略及行程等页面，用户通过浏览和阅读其他用户分享的信息，就可以制作出更适合自己的出行计划，轻松、愉快地完成旅行。

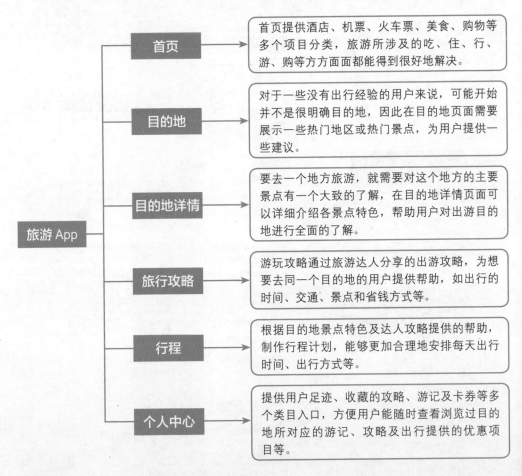

# 6.2 定义设计风格

本案例是为 iOS 系统设计的旅游 App 界面。首先，需要遵循 iOS 系统的特色和设计规范,对图标采用了圆角设计;其次,为了呈现出扁平化的设计风格,在 UI 元素的处理上,采用纯色色块堆砌的方式进行展示;最后,由于 App 的内容包含很多项目分类,为了使这些分类更加醒目,使用了不同的背景颜色进行展示。

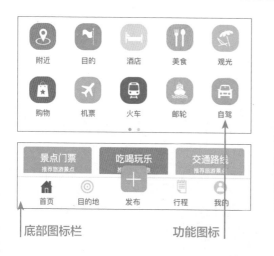

底部图标栏　　　　　　　　　功能图标　　　　　　　　按钮

## 6.3 颜色搭配技巧

　　旅行是与自然亲密接触的过程,因此我们在设计这款 App 时,以蓝色作为主色。蓝色代表宁静、深邃、梦幻,给人以朴素清澈的感觉和无穷无尽的想象,符合旅游的主题。橙色欢快活泼,是暖色系中最温暖的颜色,与蓝色搭配,可以构成最响亮、最欢乐的配色方案,用在旅游 App 中更彰显用户对美好旅程的向往。

# 6.4 案例操作详解

本案例的 App 包含首页、选择目的地、目的地详情、旅游攻略、行程、个人中心 6 个页面。在制作时，主要使用形状工具绘制出图形元素，并在图形中添加相关的文字说明，其具体操作步骤如下。

## 1. 首页

步骤 01 新建文档，设置背景填充颜色为 R205、G231、B254，选择"矩形选框工具"，在选项栏中设置选项，在画面中单击创建矩形选区，然后设置前景色为R243、G243、B243，创建"首页界面"图层组，然后在图层组中创建一个新的图层，按快捷键Alt+Delete，填充设置的前景色。

步骤 02 创建"状态栏"图层组，选择工具箱中的"矩形工具"，在画面中单击，在打开的对话框中设置"宽度"为750像素、"高度"为40像素，在首页顶端创建矩形，绘制手机状态栏的背景，然后结合其他形状工具和"横排文字工具"制作出手机状态栏中的信息内容。

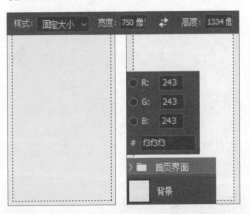

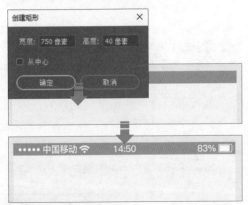

步骤 03 创建"导航栏"图层组，使用"矩形工具"在状态栏下方绘制一个填充颜色为 R36、G204、B255的矩形，选择"圆角矩形工具"，在选项栏中设置"半径"为150像素，绘制白色圆角矩形，然后使用"自定形状工具"在图形左侧绘制出搜索图标。

步骤 04 使用"形状工具"在导航栏中绘制出所需要的图形，并输入所需的文字，打开"字符"面板，在面板中调整搜索栏中文本的字体和大小等属性。

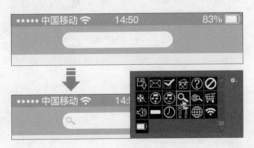

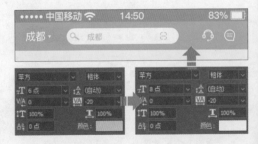

步骤 05 创建"内容区"图层组，使用"矩形工具"绘制一个白色的矩形，双击矩形图层，在打开的"图层样式"对话框中为图形设置"投影"样式。

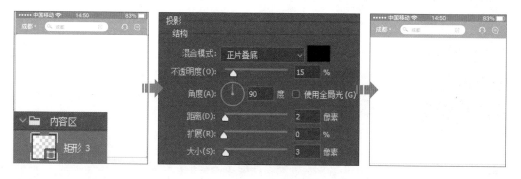

步骤 06 置入01.jpg素材图像，执行"图层>创建剪贴蒙版"菜单命令，创建剪贴蒙版，隐藏多余的部分。

步骤 07 使用"横排文字工具"在图像上方输入所需的广告文字，然后在最下排文字下方绘制圆角矩形，突显文本信息。

步骤 08 设置前景色为R255、G102、B102，选择"圆角矩形工具"，将"半径"更改为30像素，在画面中绘制图形，并设置图形填充颜色为R255、G102、B102。

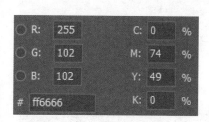

步骤 09 连续按快捷键Ctrl+J，复制出多个圆角矩形，根据需要分别为图形设置合适的颜色后，将其移到不同的位置。

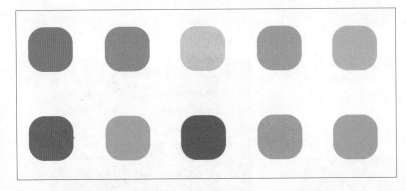

步骤 10 使用形状工具在圆角矩形上绘制出其他所需图形，然后在图形下方添加所需的文字，打开"字符"面板，设置文字属性。

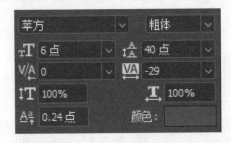

步骤 11 使用"矩形工具"绘制出所需的图形，将02.jpg素材图像置入到图形上方，按快捷键Ctrl+Alt+G，创建剪贴蒙版，隐藏多余的风景图像。

步骤 12 使用"圆角矩形工具"在页面中继续绘制圆角矩形，复制图形并填充合适的颜色，在"属性"面板中设置选项，将图形左下角和右下角转换为直角效果。

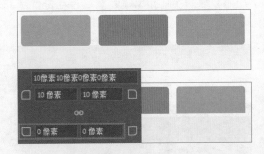

步骤 13 使用"横排文字工具"在绘制的图形上方输入所需的文字，然后打开"字符"面板，设置文字属性。

步骤 14 选中段落文本，打开"段落"面板，单击面板中的"居中对齐"按钮，更改文本对齐方式。

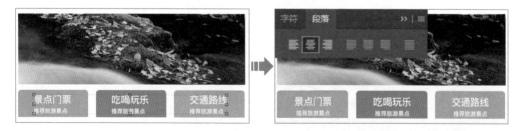

步骤 15 创建"底部标签栏"图层组，使用形状工具绘制所需图形，然后在图形下方输入所需文字，完成首页的设计。

## 2. 选择目的地

步骤 01 创建"目的地界面"图层组，创建矩形选区，并填充合适的颜色制作出背景，复制前面制作好的状态栏、搜索栏及底部标签栏，根据内容调整搜索栏、底部标签栏中的图形和文本内容。

步骤 02 创建"内容区"图层组，使用"矩形工具"在页面中绘制矩形，按快捷键Ctrl+J，复制出多个矩形图形，然后根据需要调整矩形的形状和填充颜色。

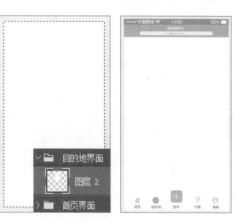

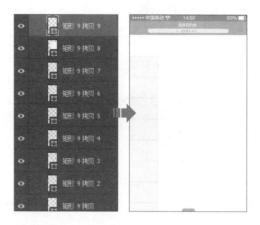

步骤 03 使用"横排文字工具"在绘制的图形上输入所需的文字，打开"字符"面板，调整输入文字属性。

步骤 04 使用"矩形工具"在画面中绘制一个矩形，连续按快捷键Ctrl+J，复制出多个矩形，将复制的图形分别移到合适的位置。

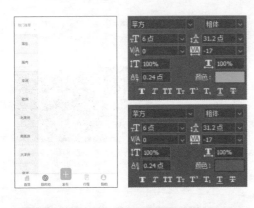
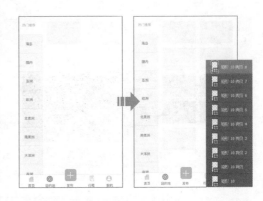

步骤 05 将03.jpg～11.jpg景点图像置入到对应的矩形上方，执行"图层>创建剪贴蒙版"菜单命令，创建剪贴蒙版，隐藏多余的部分。

步骤 06 使用"横排文字工具"在景点图像上输入所需文字，打开"字符"面板，调整文字的属性，完成本页面的设计。

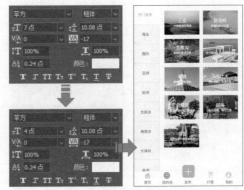

### 3. 目的地详情

步骤 01 创建"目的地详情界面"图层，创建矩形选区，并填充合适的颜色制作出背景，复制前面制作好的状态栏，将其移到页面顶端的合适位置。

步骤 02 在"状态栏拷贝2"图层组下创建
"内容区"图层组，使用"矩形工具"绘
制一个矩形，并为图形设置"投影"样式
进行修饰，然后复制图形，调整位置，对
页面进行分区。

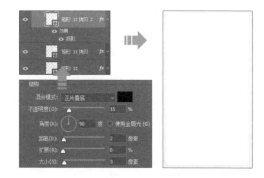

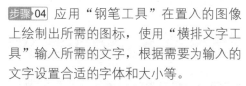

步骤 03 使用"矩形工具"绘制出所需的图
形，将08.jpg风景照片置入到图形上方，
执行"图层>创建剪贴蒙版"菜单命令，
创建图层蒙版，将多余的图像隐藏起来。

步骤 04 应用"钢笔工具"在置入的图像
上绘制出所需的图标，使用"横排文字工
具"输入所需的文字，根据需要为输入的
文字设置合适的字体和大小等。

步骤 05 设置前景色为R255、G127、B0，选择"自定形状工具"，在"形状"拾色器中
选择"前进"形状绘制出前进图标，使用"横排文字工具"在图标右侧输入文字信息。

步骤 06 使用"矩形工具"绘制一个矩形图形，设置图形填充颜色为R36、G204、
B255，使用"横排文字工具"在矩形右侧输入所需文字，利用"字符"面板调整文字
属性。

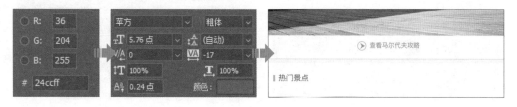

步骤 07 使用"矩形工具"绘制图形，按快捷键Ctrl+J，复制图形，将其移到合适的位置，选中图形，单击"水平分布"按钮，使图形均匀分布排列。

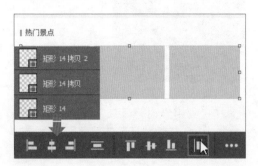

步骤 08 将12.jpg～14.jpg风景照片分别置入到各矩形的上方，然后执行"图层>创建剪贴蒙版"菜单命令，创建剪贴蒙版，将这些风景照片置入到矩形内。

步骤 09 使用"横排文字工具"在图像下方输入所需的说明文字，然后选择"自定形状工具"，在文字"马尔代夫旅行玩法"左侧添加"前进"形状图标。

步骤 10 使用"直线工具"在文字"马尔代夫旅行玩法"上方绘制一条填充颜色为R218、G218、B218，"粗细"为3像素的直线段，分隔文字信息。

步骤 11 使用"矩形工具"绘制出所需的图形，设置图形填充颜色为R36、G204、B255，R242、G242、B242，使用"横排文字工具"在图形旁边输入文字。

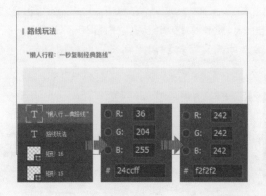

步骤 12 执行"文件>置入嵌入对象"菜单命令，将12.jpg素材图像置入到灰色矩形上，执行"图层>创建剪贴蒙版"菜单命令，创建剪贴蒙版，隐藏矩形外的图像。

步骤 13 使用"矩形工具"在图像中间绘制一个白色的矩形，在"图层"面板中设置矩形"不透明度"为70%，降低透明度效果。

步骤 14 使用"横排文字工具"在半透明度的图形上输入所需的说明文字，打开"段落"面板，单击"居中对齐文本"按钮，更改文本对齐方式。

## 4.　旅游攻略

步骤 01 创建"旅游攻略界面"图层组，在图层组下创建"内容区"图层组，将12.jpg素材图像置入到图层组中，选择"矩形选框工具"，在图像上单击并拖动，创建矩形选区。

步骤 02 单击"添加图层蒙版"按钮，添加蒙版，将选区外的风景图像隐藏起来，使用"椭圆工具"在图像左下角绘制圆形，将15.jpg素材图像置入到圆形上，创建剪贴蒙版，隐藏多余图像。

步骤 03 使用"横排文字工具"在人物头像右侧输入用户信息，然后使用"圆角矩形工具"在右侧绘制出所需的图形，在图形上输入文字，制作出"咨询"按钮。

**步骤04** 使用"圆角矩形工具"绘制一个白色圆角矩形，作为攻略内容的背景，然后打开"属性"面板，设置"左下角半径"和"右下角半径"值为0像素，调整图形效果。

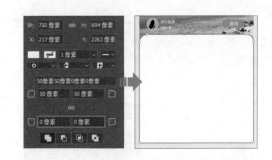

**步骤05** 使用"直线工具"在圆角矩形中间绘制两条直线，对画面进行局部分区，然后使用"横排文字工具"和形状工具，添加说明文字及装饰图形。

**步骤06** 使用"钢笔工具"绘制出页面底部所需的图标，在图标右上角应用"横排文字工具"添加相应的文字信息。

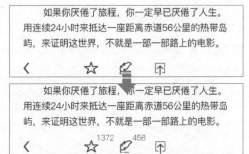

**步骤07** 使用"矩形工具"绘制出页面右下角按钮的基本形态，然后使用"钢笔工具"在按钮左上角位置再绘制一个白色的三角形图形。

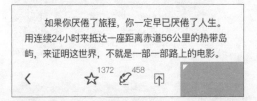

**步骤08** 在绘制的按钮中输入所需的说明文字，单击"段落"面板中的"居中对齐文本"按钮，更改段落文本的对齐方式。

**步骤09** 复制前面制作好的状态栏，将其移到页面顶端的合适位置上，完成本页面的制作。

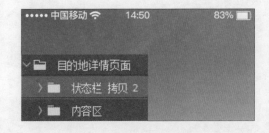

## 5. 行程

步骤 01 创建"行程界面"图层组，在图层组中新建"内容区"图层组，将12.jpg素材图像置入到画面中，选择"矩形选框工具"，在画面中单击并拖动鼠标，创建矩形选区。

步骤 02 单击"添加图层蒙版"按钮，添加蒙版，按快捷键Ctrl+J，复制图层，得到"12拷贝"图层，更改图层的混合模式为"滤色"，提亮图像。

步骤 03 结合"钢笔工具"和"圆角矩形工具"在页面上方绘制出所需的图形，然后使用"横排文字工具"添加相应的说明文字。

步骤 04 使用"圆角矩形工具"在页面下方绘制图形，打开"属性"面板，设置圆角矩形左下角和右下角半径为0像素，将其转换为直角效果。

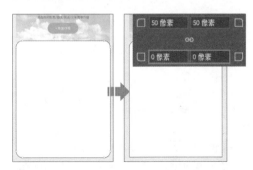

步骤 05 使用"矩形工具"绘制出所需图形，然后将06.jpg风景图像置入到图形上，创建剪贴蒙版，将矩形外的风景图像隐藏起来。

步骤 06 使用"圆角矩形工具"在图像左侧的空白区域绘制图形，使用"横排文字工具"在绘制的图形上输入"头条"文字。

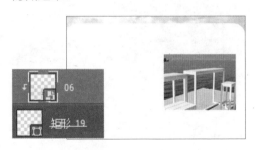

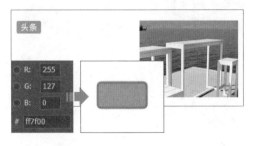

步骤07 应用"横排文字工具"在已输入文字上方单击并拖动，创建文本框，在文本框中输入说明文字，打开"段落"面板，设置"首行缩进"为18点。

步骤08 使用"椭圆工具"绘制出所需图形，将15.jpg人物图像置入到图形上，创建剪贴蒙版，将圆形外的人物图像隐藏起来，使用"横排文字工具"在右侧输入所需的文字信息。

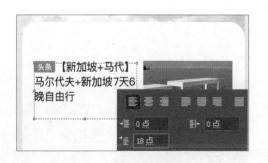

步骤09 复制图形和置入的素材图像，将其移到下方合适的位置，然后置入14.jpg图形，替换掉下方的风景图像。

步骤10 参照前面输入和设置文字的方法，在页面中添加更多文字，并使用"直线工具"绘制线条，修饰画面效果。

步骤11 最后复制前面制作好的状态栏和底部标签栏，将其移到页面的顶部及合适的位置上。

## 6.　个人中心

步骤01 创建"个人中心"图层组，使用"矩形选框工具"在画面中创建选区，并为选区填充颜色作为背景，再将前面制作好的状态栏复制到页面的顶部位置。

步骤02 创建"内容区"图层组，使用"矩形工具"绘制出所需图形，然后在图形左侧绘制一个圆形，将15.jpg素材图像置入到圆形内，创建剪贴蒙版。

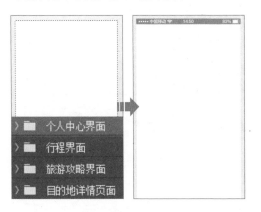

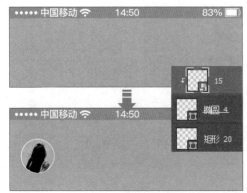

步骤03 使用"横排文字工具"在人物图像右侧输入用户个人信息，打开"字符"面板，在面板中分别为输入的文字设置合适的字体、大小和间距等。

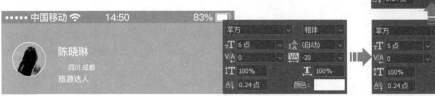

步骤04 使用"横排文字工具"输入文本信息，打开"字符"面板对文字的属性进行设置，对文本进行对齐设置，再使用"钢笔工具"在文字旁边绘制出定位和设置图标。

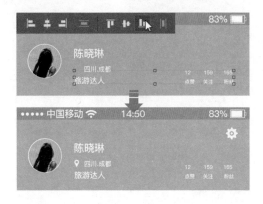

步骤05 使用"圆角矩形工具"绘制出所需的图形，并将其复制得到更多的图形，分别为这些图形设置合适的填充颜色。

步骤06 使用"钢笔工具"在绘制的圆角矩形上方绘制出所需要的图标，然后将图标放置到圆角矩形中间的位置。

179

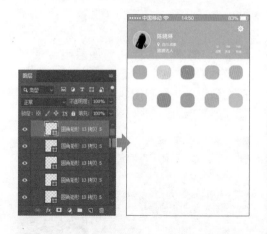

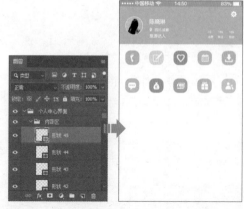

**步骤 07** 使用"横排文字工具"在绘制的图标下方输入说明文字,打开"字符"面板,在面板中设置合适的文字大小和间距等。

**步骤 08** 应用"直线工具"在图标下方绘制一条水平的直线,然后在直线下方利用"横排文字工具"输入所需的文字内容。

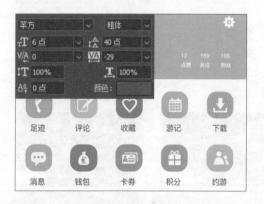

**步骤 09** 使用"钢笔工具"在输入的文字左侧绘制相应的图标,并选中绘制的图标,单击选项栏中的"水平居中对齐"按钮以对齐图标。

**步骤 10** 复制前面制作好的底部标签栏,将复制的标签栏移到"个人中心界面"的底部位置,完成本案例的制作。

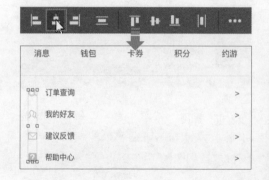

# 清新风格的电商App

# 第7章

随着电子商务和移动互联网的发展，电商 App 已成为人们购物的重要渠道。在电商 App 中，用户只需要简单动动手指，就能轻松地完成商品的挑选和购买。本案例要完成的是针对爱茶人士的一款电商 App 的 UI 设计。

◎ 素　材：随书资源 \ 07 \ 素材 \ 01.jpg～06.jpg
◎ 源文件：随书资源 \ 07 \ 源文件 \ 清新风格的电商App.psd

# 7.1　分析用户需求

　　一杯好茶，味醇韵雅，宁心除烦。要泡出好茶，选取的茶叶品质自然是最为重要的。但是，市场上总是容易出现鱼目混珠的高价"冒牌货"，很多爱茶、喜欢品茶的用户都面临着不知道去哪里买茶、买了也不知道其真假和品质好坏的窘境。因此，本案例秉承着让更多的人能够喝上好茶、放心茶，拥有一个健康的品茶论道线上茶人社区的初衷，设置了一款用于买茶、学茶和约茶的全新"茶+"电商 App。整个 App 以"茶人"为核心，囊括了阅读、社交、电商等功能，UI 内容分为引导页、用户登录、首页、市集、商品详情页、订单详情页等关键页面。

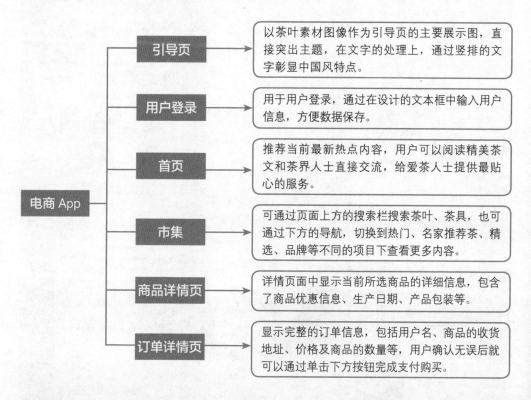

# 7.2　定义设计风格

　　本案例是为某电商平台的 App 设计 UI。由于此平台以茶叶和茶具的销售为主，因此选择了小清新的设计风格。为了体现小清新风格，首先从颜色上考虑，通过在干净的白色背景中添加清爽的灰绿色进行搭配，让用户仿佛置身于吹着徐徐清风的自然空间中。同时，为了让设计风格显得干净、清爽，使用了较纤细的字体。

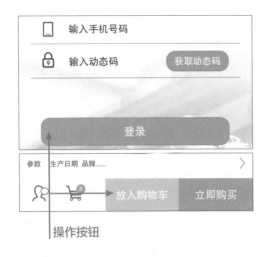

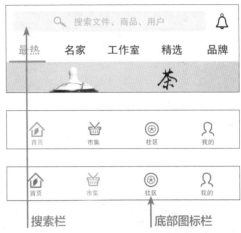

操作按钮　　　　　　　　　搜索栏　　　　　底部图标栏

# 7.3 颜色搭配技巧

　　本案例在配色方案中，提取了茶叶的绿色进行细微更改，添加适当的灰色，降低颜色的纯度，得到灰绿色。灰绿色属于绿色的一种，也能使人联想到和平、健康和安全，与本案例中 App 的思想及理念非常吻合，此外，中国是茶的故乡，使用色相浑浊的灰绿色，容易使人产生怀旧的情愫，更利于营造古朴雅致的氛围，体现出悠久的茶文化。选用与灰绿色反差较大的红色与其搭配，则可以突出部分重要信息，便于用户阅读和查看相关内容。

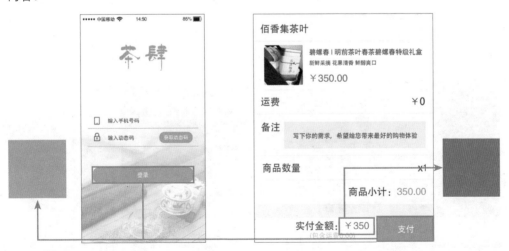

# 7.4 案例操作详解

　　本案例的制作主要使用形状工具对页面进行布局，并绘制所需的按钮和图标等，通过剪贴蒙版对茶叶和茶具图像的显示进行控制，再利用文字工具在页面中添加所需要的信息完善效果，具体的操作步骤如下。

### 1. 引导页

步骤01 新建文档，填充背景颜色为R129、G204、B122，新建"引导页"图层组，使用"矩形工具"绘制背景图形，然后新建"状态栏"图层组，制作出状态栏中的信息内容。

步骤02 使用"椭圆工具"在页面中间绘制一个圆形，将01.jpg茶叶素材图像置入到圆形上方，创建剪贴蒙版，隐藏多余的图像，再载入圆形选区，创建"色阶1"调整图层提亮图像。

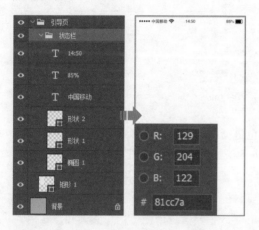

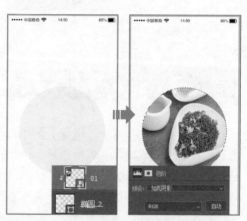

步骤03 再次载入选区，单击"调整"面板中的"黑白"按钮，新建"黑白1"调整图层，将茶叶图像转换为黑白效果。

步骤04 按住"横排文字工具"按钮不放，在展开的面板中单击选择"直排文字工具"，打开"字符"面板，设置文字属性，在茶叶图像上方输入所需文字。

步骤05 使用"直排文字工具"在页面中添加其他文字信息，并根据需要调整文字大小，然后按住Shift键，使用"椭圆工具"在文字右侧绘制一个圆形，设置圆形描边颜色为R227、G72、B66。

步骤06 使用"椭圆工具"在页面底部绘制圆形，分别设置圆形填充颜色为R112、G173、B106，R205、G205、B205，再单击"路径操作"按钮，在展开面板中单击"合并形状"按钮，绘制更多的灰色圆形。

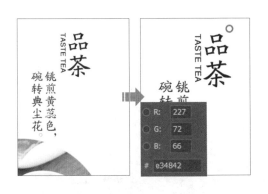
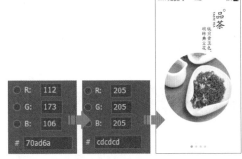

## 2. 用户登录

步骤 01 创建"登录"图层组,使用"矩形工具"绘制图形作为背景,然后将制作好的状态栏复制到页面顶部,把02.jpg素材图像置入到矩形上,设置"不透明度"为50%。

步骤 02 按住Ctrl键不放,单击"矩形2"图层,载入选区,单击"添加图层蒙版"按钮,添加蒙版,载入蒙版选区,选择"渐变工具",设置选项后拖动渐变,编辑蒙版,创建渐隐的画面效果。

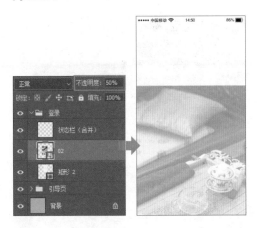
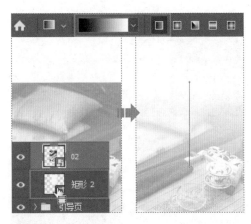

步骤 03 按住Ctrl键不放,单击"矩形2"图层,载入选区,单击"调整"面板中的"黑白"按钮,创建"黑白2"调整图层,将图像转换为黑白效果。

步骤 04 按住工具箱中的"直排文字工具"按钮不放,在展开的面板中单击选择"横排文字工具",输入所需的文字,打开"字符"面板,设置文字属性。

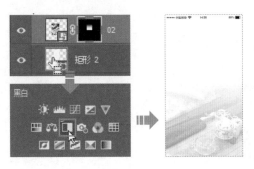
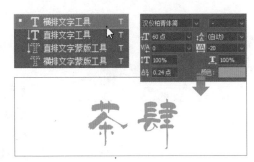

步骤 05 选择工具箱中的"直线工具"，在选项栏中设置"粗细"为3像素，按住Shift键单击并拖动，绘制出两条水平的直线段。

步骤 06 使用"横排文字工具"输入所需的文字，打开"字符"面板设置文字属性，用"钢笔工具"在文字左侧绘制图标，设置合适的填充颜色。

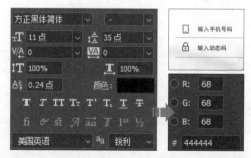

步骤 07 选择工具箱中的"圆角矩形工具"，在画面中单击并拖动，绘制图形，设置图形填充颜色为R112、G173、B106。

步骤 08 使用"横排文字工具"在绘制的圆角矩形中间输入所需的文字，打开"字符"面板，设置文字属性，制作成按钮效果。

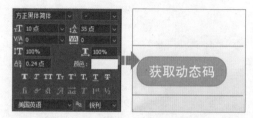

步骤 09 使用"圆角矩形工具"再绘制一个圆角矩形，在矩形中间添加文字，并打开"字符"面板，设置文字属性，制作登录按钮。

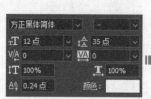

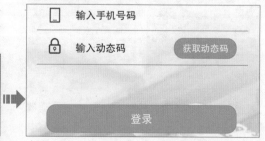

### 3. 首页

步骤 01 创建"首页"图层组，使用"矩形工具"绘制图形，作为背景，然后将前面制作好的状态栏复制到页面顶部。

步骤 02 使用"圆角矩形工具"在状态栏下绘制一个灰色圆角矩形，使用"自定形状工具"在灰色圆角矩形左侧绘制出搜索图标。

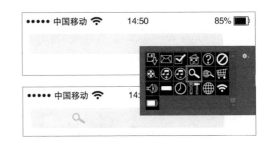

步骤 03 使用"横排文字工具"在搜索图标右侧输入说明文字，打开"字符"面板，在面板中设置文字属性，然后使用"钢笔工具"在右侧绘制一个消息形状的图形，将图形填充颜色设置为R55、G55、B55。

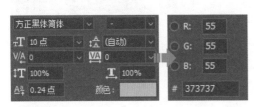

步骤 04 使用"横排文字工具"在搜索栏下方输入分类导航文字，打开"字符"面板，为分类导航文字设置不同的颜色和大小等属性。

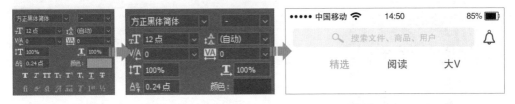

步骤 05 使用"矩形工具"在输入的文字下方单击并拖动，绘制一个矩形图形，将02.jpg素材图像置入到图形上，执行"图层>创建剪贴蒙版"菜单命令，创建剪贴蒙版，隐藏多余图像。

步骤 06 使用"矩形工具"在图像右侧绘制一个白色矩形，设置"填充"值为52%，降低图形的透明度，然后双击形状图层，打开"图层样式"对话框，设置"描边"样式修饰图形。

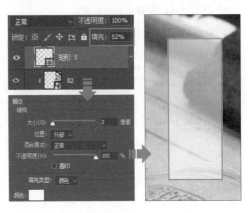

步骤 07 使用"直排文字工具"在绘制的矩形上输入所需的文字，打开"字符"面板，调整输入文字属性。

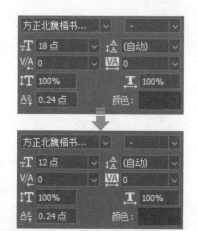

步骤 08 使用"圆角矩形工具"在"精选"文字下方绘制一个与文字颜色相同的圆角矩形，使用"钢笔工具"在图像两侧绘制箭头图形，然后应用"横排文字工具"在图像下方输入所需的文字内容，并在"字符"面板中调整属性。

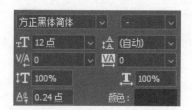

步骤 09 使用"圆角矩形工具"绘制出一个圆角矩形，将03.jpg图像置入到矩形上，并创建剪贴蒙版，隐藏多余的部分。

步骤 10 使用"横排文字工具"在图像下方单击并拖动，绘制一个文本框，在文本框中输入所需的文字。

**步骤 11** 使用"钢笔工具"在页面底部绘制出所需要的图形，为图形设置合适的填充颜色，选中图形，单击选项栏中的"水平分布"按钮，调整图形的排列效果。

**步骤 12** 使用"横排文字工具"在绘制的图形下方输入对应的说明文字，分别选中输入的文字，打开"字符"面板，调整输入文字属性，完成页面的设计。

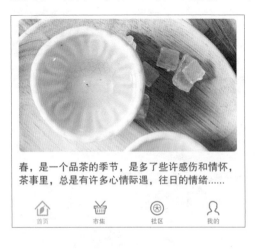

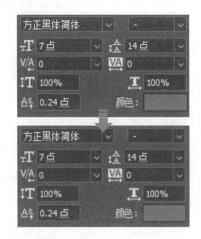

## 4. 市集

**步骤 01** 创建"市集"图层组，使用"矩形工具"绘制一个矩形作为背景，将前面制作的状态栏、搜索栏及底部分类标签栏复制到页面中，根据内容调整按钮和文字颜色等。

**步骤 02** 使用"矩形工具"再绘制一个矩形，将 04.jpg 茶具图像置入到矩形上方，执行"图层>创建剪贴蒙版"菜单命令，创建剪贴蒙版，将多余部分隐藏起来。

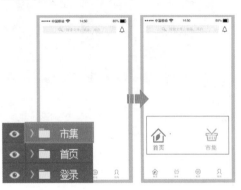

步骤 03 按住Ctrl键不放，单击"矩形6"图层，载入选区，新建"色阶2"调整图层，打开"属性"面板，在面板中设置选项，提亮较暗的素材图像。

步骤 04 使用"横排文字工具"在图像上方输入所需的文字，然后选择"圆角矩形工具"，在文字"最热"下方绘制圆角矩形，并设置填充颜色为R109、G160、B104。

步骤 05 使用"直排文字工具"在绘制的图形上输入所需的文字，打开"字符"面板，调整输入文字属性，然后在文字"手绘中国风茶杯"下方绘制矩形，突出图形上的文字内容。

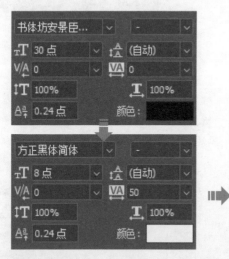

步骤 06 设置前景色为R113、G179、B113，应用"椭圆工具"绘制圆形，再将前景色更改为R205、G205、B205，单击"路径操作"按钮，选择"合并形状"选项，绘制更多圆形。

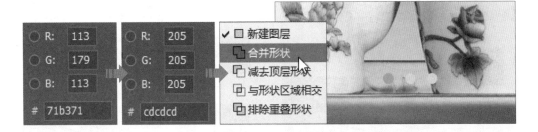

**步骤 07** 使用"矩形工具"和"圆角矩形工具"在页面中的适当位置绘制更多的图形，通过置入的方式将更多的商品图像置入到图形上，创建剪贴蒙版，拼合图像。

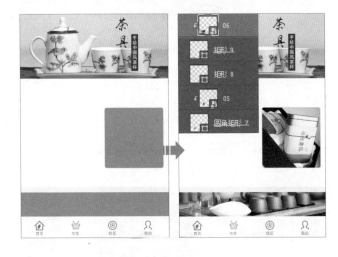

**步骤 08** 使用"横排文字工具"在适当位置添加更多文本，双击"01:20:24"文本图层，打开"图层样式"对话框，在对话框中设置"描边"样式，修饰文本。

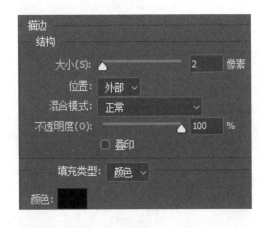

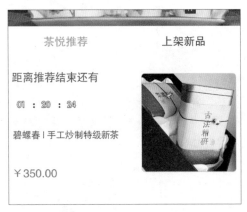

**步骤 09** 选择"圆角矩形工具"，在选项栏中设置填充颜色为R68、G68、B68，描边颜色为R27、G27、B27，描边宽度为4像素，在数字"01"下方绘制圆角矩形图形。

**步骤 10** 使用"直线工具"在圆角矩形中间位置绘制一条直线段，执行"滤镜>模糊>高斯模糊"菜单命令，设置"半径"为1像素，创建模糊的图形效果。

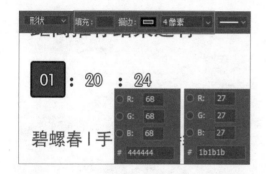

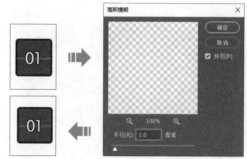

**步骤 11** 选中圆角矩形和模糊后的线条图案，按快捷键Ctrl+J，复制图形，然后将复制的图形分别移到数字"20"和"24"下方，突出商品促销活动时间。

**步骤 12** 使用"矩形工具"在页面中再绘制两条"宽度"为1080像素、"高度"为3像素的灰色直线段，在文字"茶悦推荐"下方使用"圆角矩形工具"绘制填充颜色为R109、G160、B104的圆角矩形。

### 5. 商品详情

**步骤 01** 创建"商品详情"图层组，复制前面绘制完成的背景和状态栏，使用"矩形工具"在页面中绘制一个矩形，将05.jpg商品图片置入到矩形内。

**步骤 02** 使用"横排文字工具"在商品图像下方输入对应的商品名称，打开"字符"面板，在面板中调整输入文字的字体、大小及颜色等基本属性。

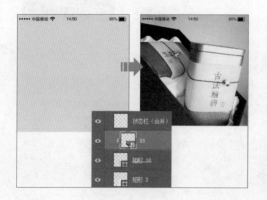

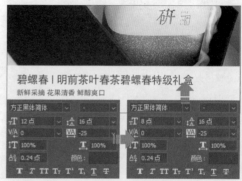

**步骤 03** 结合"横排文字工具"和"字符"面板添加更多的文本信息，然后使用"矩形工具"绘制矩形，并在"属性"面板中设置矩形的宽度、高度和颜色等。

**步骤 04** 按快捷键Ctrl+J，复制矩形，按↓键，将复制的矩形向下移到合适的位置。

**步骤 05** 使用"矩形工具"在下方再绘制另一个矩形图形，打开"属性"面板，设置矩形的高度为3像素。

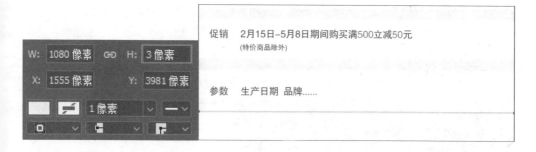

**步骤 06** 选择"自定形状工具"，在"形状"拾色器中选择"箭头2"形状，绘制图形，利用"直接选择工具"编辑图形，制作出箭头图标。

**步骤 07** 使用"钢笔工具"和"椭圆工具"在页面左下角绘制图形，制作出客服和购物车形状的图标。

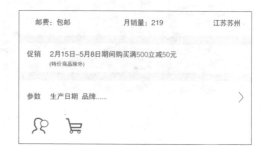

步骤 08 使用"椭圆工具"在购物车图形右上角再绘制一个圆形，将图形填充颜色更改为R112、G173、B106，使用"横排文字工具"在圆形中输入购物车的商品数量信息。

步骤 09 使用"矩形工具"在购物车图形右侧绘制矩形，将矩形填充颜色设置为R198、G198、B136，使用"横排文字工具"在绘制的图形上输入所需的文字，并打开"字符"面板调整文字属性。

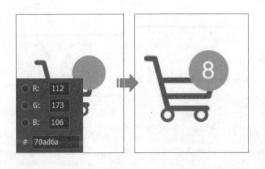
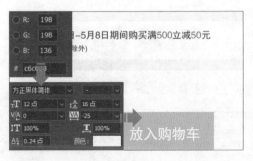

步骤 10 使用"矩形工具"再绘制一个同等大小的矩形，并更改矩形填充颜色为R112、G173、B106，使用"横排文字工具"在绘制的图形上输入所需的文字，打开"字符"面板，调整文字属性。

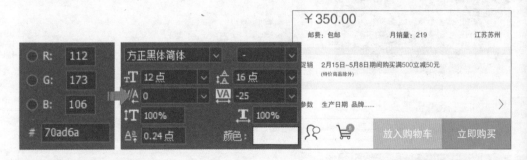

## 6. 订单详情

步骤 01 创建"订单详情"图层组，并将前面绘制完成的背景和状态栏复制到图层组中，应用"横排文字工具"添加文字，并在"字符"面板中设置文字属性。

步骤 02 使用"自定形状工具"在文字"确认订单"左侧绘制箭头图形，执行"编辑>变换>水平翻转"菜单命令，水平翻转图形，并利用"直接选择工具"对箭头进行编辑。

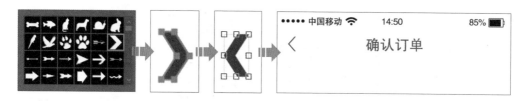

步骤 03 使用"矩形工具"在文字下方绘制图形，并双击形状图层，打开"图层样式"对话框，在对话框中设置"渐变叠加"样式，修饰图形。

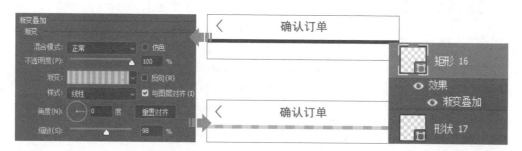

步骤 04 使用"直线工具"先绘制一条粗细为23像素的直线段，然后绘制一条粗细为5像素的直线段，连续按快捷键Ctrl+J，复制出多条粗细为5像素的直线段，将直线段分别移到合适的位置上。

步骤 05 结合"横排文字工具"和"字符"面板在页面中添加所需的文字信息，然后使用"矩形工具"在备注文字下方绘制一个填充颜色为R234、G234、B234的矩形，突出文本信息。

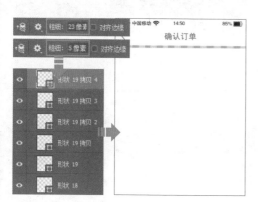

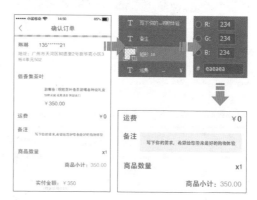

步骤 06 使用"圆角矩形工具"在文字"佰香集茶叶"下绘制一个圆角矩形，将05.jpg茶叶图像置入到绘制的圆角矩形中。

步骤 07 使用"矩形工具"在"商品小计"下方绘制一个矩形图形，将矩形的填充颜色设置为R242、G242、B242。

步骤 08 使用"矩形工具"在商品"实付金额"右侧绘制一个矩形，将矩形的填充颜色设置为R112、G173、B106。

步骤 09 使用"横排文字工具"在绘制的图形上输入所需的文字，打开"字符"面板，调整输入文字属性，完成页面的设计。

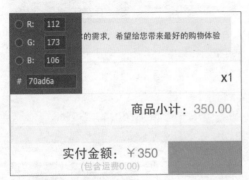

# 绚彩风格的美食App

# 第8章

美味的食物总是能使人心情变得愉悦。美食,吃前有期待、吃后有回味,已不仅仅是简单的味觉感受,更是一种精神享受。本案例要完成的是一款美食 App 的 UI 设计。鉴于美食的多样性,在设计时采用比较灵活的布局来安排内容。

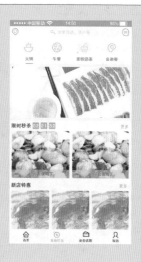

◎ 素　材:随书资源 \ 08 \ 素材 \ 01.jpg～07.jpg、08.png

◎ 源文件:随书资源 \ 08 \ 源文件 \ 绚彩风格的美食App.psd

# 8.1 分析用户需求

　　一款 App 要想在市场赢得观众的喜爱并受到追捧，离不开设计前的用户需求分析与它的功能设计。对于美食 App 来说，最基本的功能就是要满足用户对于美食的搜索需求；其次，一款好的美食类 App 也应该满足用户的社交需求，一般来说，美食爱好者都希望通过这类美食 App 来结识一些志同道合的"吃货"。所以，本案例中对这些需求都着重进行了考虑，分别安排了不同页面进行展示；除此之外，在美食大全页面中还提供了各种美食的制作方法，让用户不仅可以搜索美食，还能学做美食。

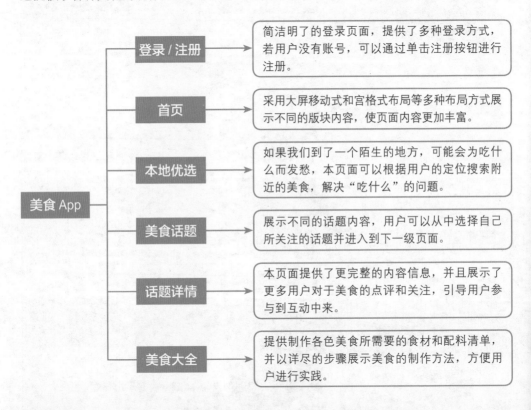

# 8.2 定义设计风格

　　本案例在设计的过程中，使用了扁平化的设计理念，无论是导航栏和按钮，还是图标，设计都没有添加任何特效。这样的设计使 UI 显得干净整齐，用户使用起来格外便捷，能够以较简单直接的方式将信息和事物的工作方式展示出来。另外，利用绚丽的颜色搭配方案，与要表现的主题美食完美契合，让 UI 元素显得欢快、愉悦的同时，也更容易被用户所接受。

按钮

搜索栏和导航栏

标签栏图标和小图标

## 8.3　颜色搭配技巧

观察众多美食图片时，可以发现橙色与自然界中的许多果实和食品的色泽非常相似。橙色是一种较为鲜艳夺目的颜色，常给人带来亲切和温暖的感觉，也是最能代表美味食物的颜色，容易激发人的食欲，表现积极欢快的情绪，因此本案例也选用了橙色作为 UI 的主基调色，用于象征活力与食欲，以浅色系粉、绿为辅色，营造轻快明了的感觉。

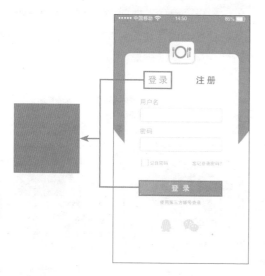

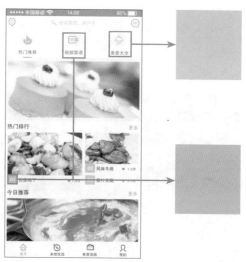

## 8.4　案例操作详解

本案例的制作主要先使用形状工具对 UI 进行布局，再将美食图像添加到 UI 中，利用剪贴蒙版来控制图像的显示范围，然后使用文字工具在图像或图标旁边添加所需的文字信息，其具体操作步骤如下。

## 1. 登录/注册

步骤01 创建新文档，设置背景颜色为
G253、B205、K170，新建"登录/注
册"图层组，使用"矩形工具"绘制一个
白色矩形，并复制矩形，更改图形的外形
和填充颜色，作为背景。

步骤02 使用前面介绍的方法绘制状态
栏。使用"圆角矩形工具"在页面中间绘
制图形，双击形状图层，在打开的对话框
中设置"投影"样式，修饰图形。

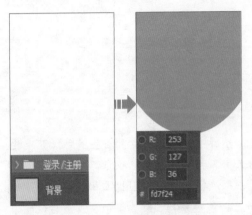
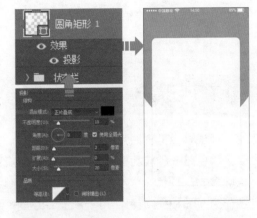

步骤03 使用"圆角矩形工具"再绘制一
个图形，打开"图层样式"对话框，在对
话框中单击并设置"外发光"样式，修饰
图形。

步骤04 选择"钢笔工具"，单击"路径
操作"按钮■，在展开的列表中选择"合
并形状"选项，在圆角矩形中间绘制出刀
叉等餐具形状的图形，设置图形填充颜色
为R253、G127、B36。

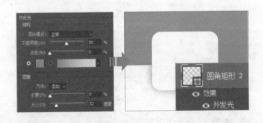
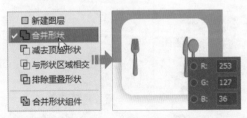

步骤05 选择"椭圆工具"，在餐具图形中间位置单击并拖动，绘制一个圆形，然后单
击选项栏中的"路径操作"按钮■，选择"排除重叠区域"选项，再绘制圆形，制作成
盘子形状。

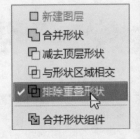

步骤 06 使用"横排文字工具"输入文字，选中输入的文字对象，打开"属性"面板，在面板中分别对文字的字体、大小和颜色等属性进行设置，调整文字效果。

步骤 07 使用"圆角矩形工具"在页面中间绘制图形，绘制后在选项栏中设置图形填充颜色为白色，描边颜色为R174、G174、B174，描边宽度为2像素，"半径"为20像素。

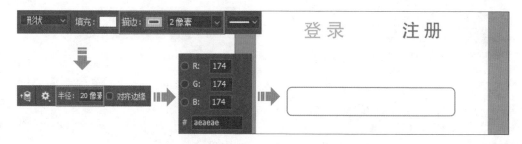

步骤 08 按两次快捷键Ctrl+J，复制两个绘制的圆角矩形，将复制的图形向下移到合适的位置上，调整图形大小，并在"属性"面板中设置矩形的圆角弧度，将"圆角矩形 3 拷贝 2"转换为直角效果。

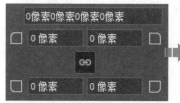  

步骤 09 使用"横排文字工具"输入更多文字内容，打开"字符"面板，分别设置文字的字体、大小和颜色等属性。

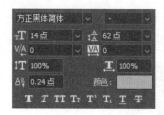  

步骤 10 使用"圆角矩形工具"再绘制一个圆角矩形，单击选项栏中的填充颜色块，在展开的面板中单击"渐变"按钮，更改填充类型，设置渐变颜色，填充绘制的圆角矩形。

步骤 11 使用"横排文字工具"在绘制的圆角矩形中间输入文字，打开"字符"面板，在面板中设置文字"登录"的字体、颜色和大小等属性，制作出登录按钮。

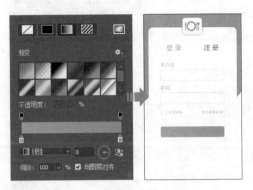

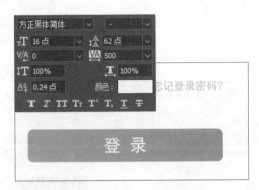

步骤 12 在"登录"按钮下输入所需文字，打开"字符"面板，在面板中更改文字的大小、颜色等基本属性。

步骤 13 结合"钢笔工具"和"椭圆工具"绘制常用的第三方账号图标，并选中图标单击选项栏中的"顶对齐"按钮，对齐图标。

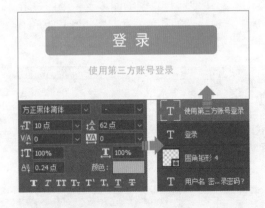

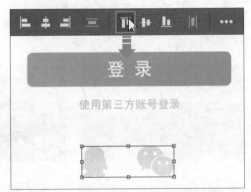

## 2. 首页

步骤 01 创建"首页推荐"图层组，进行首页的制作，将前面绘制的背景和状态栏复制到图层组中，然后使用"圆角矩形工具"在状态栏下方绘制一个圆角矩形并填充合适的颜色。

步骤 02 选择"自定形状工具"，在选项栏中设置填充颜色，在"形状"拾色器中选择"搜索"形状，在圆角矩形中间绘制搜索图标，使用"横排文字工具"输入文字并设置文字属性。

步骤 03 使用形状工具在搜索栏两侧绘制出所需的图标，然后将绘制的图标填充颜色设置为R143、G143、B143。

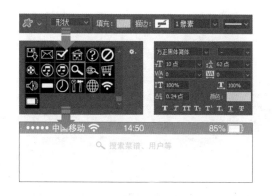

步骤 04 使用"椭圆工具"在搜索栏下绘制椭圆形，按快捷键Ctrl+J，复制椭圆形并调整位置后，选中3个椭圆形，单击"水平分布"按钮。

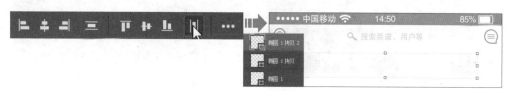

步骤 05 使用形状工具绘制出所需的图形，分别设置填充颜色为R255、G171、B113，R255、G154、B135，R210、G223、B34。

步骤 06 使用"横排文字文字工具"在图形中和图形下方输入说明文字，打开"字符"面板，设置文字属性。

步骤 07 使用"矩形工具"在页面中绘制矩形，按快捷键Ctrl+J，复制图形，分别设置填充颜色为R243、G243、B241和R180、G180、B180。

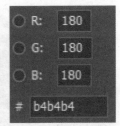

步骤 08 将01.jpg素材图像置入到矩形上方，创建剪贴蒙版，然后使用"圆角矩形工具"在文字"热门推荐"下绘制图形并填充合适的颜色。

步骤 09 使用"横排文字工具"在置入的图像下方再输入其他的文字信息，打开"字符"面板，在面板中分别为输入文字设置不同的字体、大小和颜色等。

步骤 10 使用"圆角矩形工具"在页面中绘制图形，打开"属性"面板，设置左下角和右下角的半径为0像素，将其转换为直角效果。

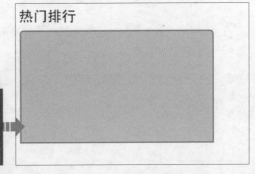

步骤 11 将02.jpg素材图像置入到矩形上方，按快捷键Ctrl+Alt+G，创建剪贴蒙版，隐藏多余的美食图像。

步骤 12 载入圆角矩形选区，新建"曲线1"调整图层，打开"属性"面板，在面板中分别选择"红"和"RGB"通道，单击并拖动曲线，应用设置调整图像颜色。

步骤 13 使用"横排文字工具"在图像下输入所需的文字，在文字下方绘制图形并设置合适的填充颜色，修饰版面。

步骤 14 按快捷键Ctrl+J，复制矩形和心形等图形，将复制的图形移到合适的位置，将图像替换为03.jpg素材图像并修改下方的文字。

步骤 15 使用"横排文字工具"在下方输入所需文字，绘制一个矩形图形，将04.jpg美食素材置入到矩形上，创建剪贴蒙版拼合图像。

步骤 16 创建"标签栏"图层组，使用形状工具绘制所需的图形，然后在图形下方输入文字，完成"今日推荐"栏目的设计。

### 3. 本地优选

步骤 01 复制"首页推荐"图层组，将复制图层组重命名为"优选美食"，删除多余元素后，选择"椭圆1"图层，按快捷键Ctrl+J，再复制一个椭圆形，调整4个椭圆形的距离。

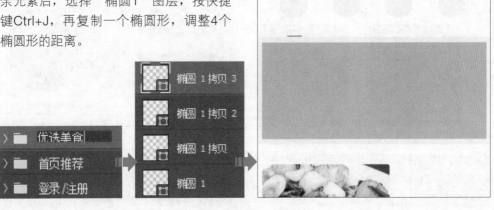

步骤 02 使用形状工具分别在每个圆形中间绘制所需的产品分类图形，然后使用"横排文字工具"在图形下方输入对应的说明文字。

**步骤 03** 执行"文件>置入嵌入对象"菜单命令，将05.jpg美食图像置入到"矩形2拷贝"图层上方，按快捷键Ctrl+Alt+G，创建剪贴蒙版。

**步骤 04** 使用"横排文字工具"在置入的图像下方输入文字，然后调整下方圆角矩形的大小，控制美食图像的显示范围。

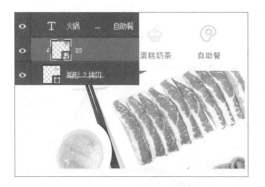

**步骤 05** 使用"矩形工具"在美食图像下方绘制矩形，设置矩形填充颜色为R192、G223、B22，再设置"不透明度"为55%，降低透明度。

**步骤 06** 选择矩形和上方的美食及文字对应的图层，按快捷键Ctrl+J，复制图层，将复制的图层中的对象向右移到合适的位置上。

**步骤 07** 使用"圆角矩形工具"绘制图形，设置图形填充颜色为R255、G151、B61，按快捷键Ctrl+J，复制图形，选中3个图形，单击"水平分布"按钮，调整图形的排列分布方式。

步骤 08 使用"横排文字工具"在图形上输入所需的文字信息，打开"字符"面板，在面板中对输入文字的字体和颜色进行调整。

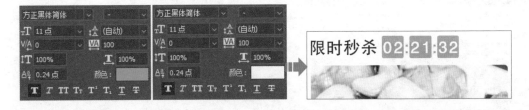

步骤 09 使用"横排文字工具"在页面下方的美食图像上方输入所需的文字，然后选中下方圆角矩形，按快捷键Ctrl+T，打开自由变换工具，调整图形的大小，更改显示的美食图像范围。

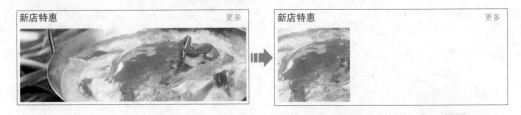

步骤 10 按快捷键Ctrl+J，复制圆角矩形和上方的美食图像，将复制的图形和美食图像分别移到合适的位置，最后更改标签栏中的文字和图形颜色，完成本页面的设计。

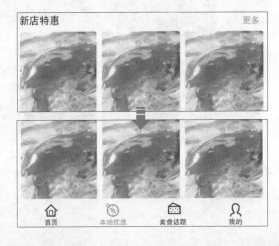
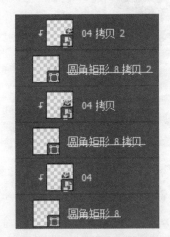

### 4. 美食话题

步骤 01 复制"优选美食"图层组，将复制图层组重命名为"话题圈子"，删除多余元素，将鼠标置于搜索栏中，输入需要的说明文字，在图像窗口中查看输入效果。

步骤 02 使用 "矩形工具" 绘制矩形，将矩形填充颜色设置为R253、G127、B36，按快捷键Ctrl+J，复制形状图层，创建 "矩形6拷贝" 图层，将图形移到右侧适当位置，并将填充颜色更改为白色。

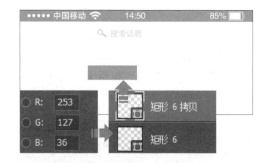

步骤 03 使用 "横排文字工具" 在绘制的矩形中输入文字，打开 "字符" 面板，在面板中为文字设置合适的字体和颜色等。

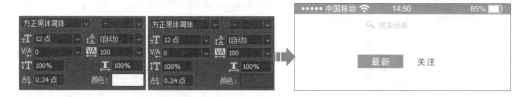

步骤 04 使用 "椭圆工具" 在页面中绘制圆形，将08.jpg头像素材置入到圆形上，创建剪贴蒙版，再在旁边和下方添加相应的说明文字。

步骤 05 使用 "矩形工具" 在文字下方绘制多个矩形图形，分别将05.jpg和06.jpg美食图像置入到图形上，按快捷键Ctrl+Alt+G，创建剪贴蒙版，拼合图像。

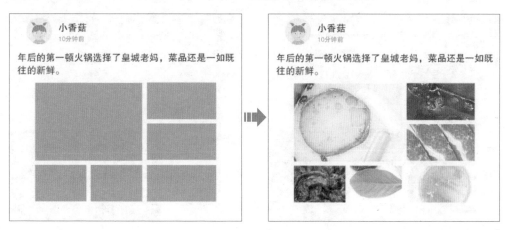

步骤06 使用形状工具在图像下方绘制所需的图形，将图形填充颜色统一设置为R108、G108、B108，再使用"横排文字工具"在绘制的图形右侧输入文字，打开"字符"面板，设置文字属性。

步骤07 选择"椭圆2"和"08"图层，按快捷键Ctrl+J，复制图层，将复制的图形向下移到合适的位置，然后使用"矩形工具"在上方绘制图形，分隔图像。

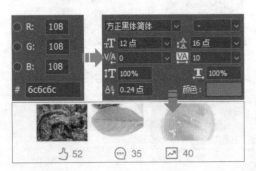

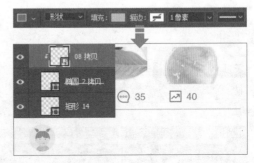

步骤08 使用"横排文字工具"在头像旁边和下方输入文字，打开"字符"面板，在面板中分别对输入文字的字体、大小和颜色等进行调整，在图像窗口中查看设置后的效果。

步骤09 使用"矩形工具"在输入的文字下方绘制出3个矩形，同时选中3个矩形，单击"水平分布"按钮，均匀分布图形。

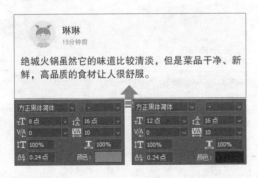

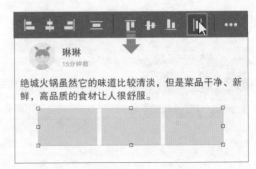

步骤10 将07.jpg美食图像置入到第1个矩形上方，按快捷键Ctrl+Alt+G，创建剪贴蒙版，拼合图像。

步骤11 按快捷键Ctrl+J，复制07.jpg美食图像，将其分别移到另外两个矩形上方，按快捷键Ctrl+Alt+G，创建剪贴蒙版，拼合图像。

**步骤 12** 将"标签栏"图层组移到最上层，根据显示的页面内容，调整标签栏中的图形颜色和文本颜色，完成本页面的制作。

## 5. 话题详情

**步骤 01** 复制"话题圈子"图层组，将其重命名为"话题详情"图层组，删除多余的元素，根据需要调整头像及头像右侧和下方的文本内容，并移到合适的位置上。

**步骤 02** 使用形状工具在状态栏下方绘制所需的图形，设置图形填充颜色为 R172、G172、B172，使用"横排文字工具"图形中间输入文字，打开"字符"面板，设置文字属性。

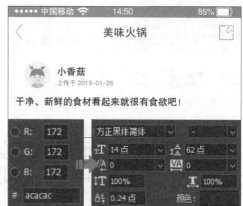

**步骤 03** 使用"矩形工具"在页面中绘制两个同等大小的矩形，根据需要设置矩形的排列方式，将05.jpg美食图像置入到图形上方，执行"图层>创建剪贴蒙版"菜单命令，创建剪贴蒙版，拼合图像。

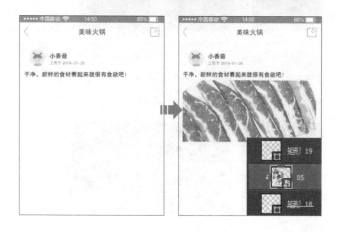

步骤 04 按快捷键Ctrl+J，复制图层，创建"05拷贝"图层，将其移到"矩形19"上方，执行"图层>创建剪贴蒙版"菜单命令，创建剪贴蒙版，并使用"移动工具"调整蒙版中图像的显示范围。

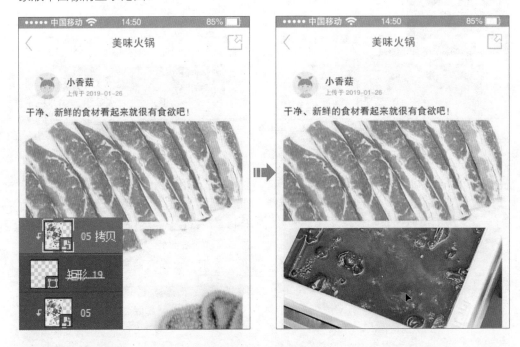

步骤 05 使用"钢笔工具"在页面底部绘制手写形状的图标，将图标填充颜色设置为R253、G127、B36，用"矩形工具"绘制用于输入文字评论的文本框，分别设置矩形填充颜色和描边颜色为R242、G242、B242，R191、G191、B191。

步骤 06 使用"矩形工具"在矩形文本框右侧再绘制矩形图形，更改图形填充颜色为R253、G127、B36，去除描边颜色，应用"横排文字工具"在绘制的矩形中间输入文字，打开"字符"面板，设置文字属性，制作出"发送"按钮。

## 6. 美食大全

步骤 01 复制"话题详情"图层组，将其重命名为"美食大全"图层组，删除多余的元素，根据需要更改状态栏下方的文本信息。

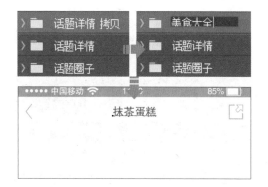

步骤 02 使用"钢笔工具"在标题文字下绘制矩形图形，将01.jpg素材图像置入到矩形上，创建剪贴蒙版，拼合图像。

步骤 03 在添加的美食图像下方添加用户头像，并使用"横排文字工具"在用户头像下方和旁边输入用户名和评论信息。

步骤 04 使用"矩形工具"在评论下方绘制一个矩形，设置矩形填充颜色为R253、G127、B36，使用"横排文字工具"在矩形中间输入说明文字。

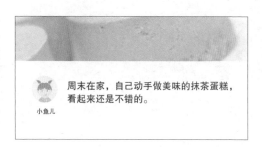

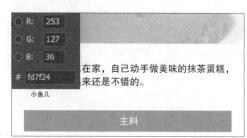

步骤 05 使用"矩形工具"在橙色的矩形下方再绘制另一个图形，设置图形填充颜色为白色，描边颜色为R191、G191、B191，描边宽度为3像素。

步骤 06 按快捷键Ctrl+J，复制图形，使用"移动工具"将复制得到的矩形移到右侧合适的位置，选中两个矩形图形，单击选项栏中的"顶对齐"按钮，对齐图形。

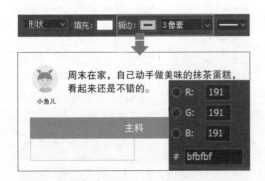

步骤 07 使用"横排文字工具"在矩形上输入所需的文字，再应用相同的方法，复制出更多的矩形图形，将其移到下方合适的位置。

步骤 08 使用"横排文字工具"在复制的矩形上添加所需的文字，并结合"字符"面板，调整文字的大小和字体等属性。

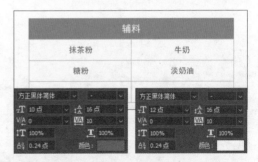

步骤 09 最后使用"钢笔工具"在页面底部绘制其他的图标，使用"横排文字工具"在绘制的图标右侧添加合适的文字，完成本案例的制作。

# 时尚风格的音乐App

# 第9章

音乐不需要借助语言和笔墨就能给人以诗的意境、画的意象和文字的馨香。随着智能手机的普及，现在人们可以随时随地打开手机中的App收听各式各样的音乐，得到更为纯粹的音乐享受。本案例要完成的是针对摇滚音乐爱好者的一款音乐App的UI设计。

◎ 素　材：随书资源\09\素材\01.jpg～08.jpg
◎ 源文件：随书资源\09\源文件\时尚风格的音乐App.psd

# 9.1　分析用户需求

　　为了迎合大多数受众的需要，现在很多音乐类 App 产品大多采用面积广且纵深浅的定位方式，这种设计虽然能最大限度地满足更多用户人群的需求，但是对一些有特殊需求的用户来说却并不适合。由于本案例是为热爱摇滚音乐的人群设计的音乐类 App，这类人群往往更追求冲撞且锐化的设计表达方式，所以选择独特的面积小且纵深高的定位方式，在视觉设计过程中，考虑将主题与实际产品相结合，无论是主页、歌单、歌曲播放页面，还是个人中心页面，都采用了比较大胆的用色方式，以凸显其设计感和冲撞感，让作品与其他传统音乐 App 在视觉上形成更为明显的差异。

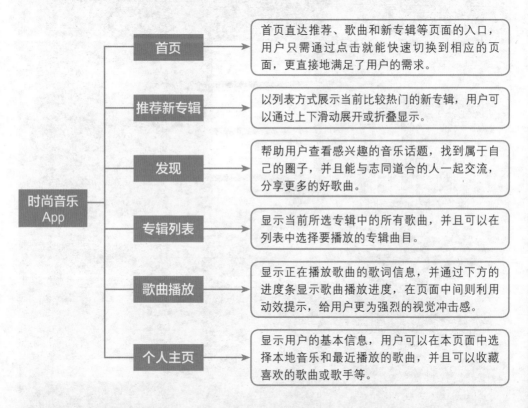

# 9.2　定义设计风格

　　由于本案例 App 的用户是摇滚音乐爱好者，因此在设计 UI 时选择了炫酷的风格定位，使用深色系作为背景色，对图标、按钮、选项卡等 UI 元素使用投影和内阴影等特效进行修饰，增强这些元素的立体感和层次感，使其显得更加精致和细腻。

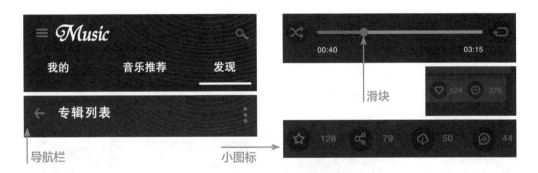

## 9.3　颜色搭配技巧

　　在设计颜色搭配方案时，使用蓝黑色作为主色。蓝黑色兼具黑色的紧致、严肃和蓝色的冷静、深邃，更具有色彩感和表现力，用于音乐类 App 的主色，更能展现潇洒、摩登的质感。为了在蓝黑色的主色中突出重要信息，又选择了饱和度和明度都较高的玫红色与其进行搭配，不但使内容更加抢眼，也为 UI 增加了时尚气息。

## 9.4　案例操作详解

　　本案例在制作的时候，除了使用形状工具对 UI 进行规则布局外，还为一些按钮、图标添加"内阴影"和"投影"图层样式作为修饰，通过置入图像创建剪贴蒙版的方式拼合图像，得到更丰富的画面效果，其具体操作步骤如下。

## 1. 首页

步骤 01 新建文档，将背景颜色填充为 R129、G204、B122，创建"首页"图层组，使用"矩形工具"绘制图形作为背景，设置"投影"样式修饰图形。

步骤 02 创建"状态栏"图层组，在图层组中使用多种形状工具绘制出状态栏中的图标，然后利用"横排文字工具"在上面输入文字，制作成状态栏。

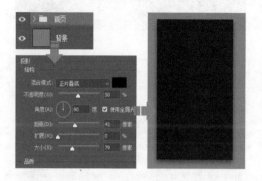

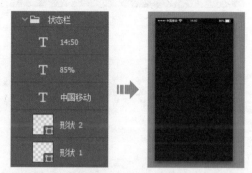

步骤 03 使用"矩形工具"在状态栏下方再绘制一个矩形，双击图层，打开"图层样式"对话框，在对话框中设置"投影"样式修饰矩形。

步骤 04 选择工具箱中的"椭圆工具"，在选项栏中设置无填充颜色，并更改描边颜色和描边宽度，按住Shift键，在页面顶端单击并拖动，绘制圆形。

步骤 05 连续按快捷键Ctrl+J，复制出多个圆形图形，然后分别选中复制的圆形，按快捷键Ctrl+T，利用自由变换工具调整圆形的大小和位置。

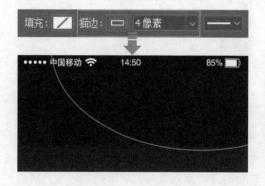

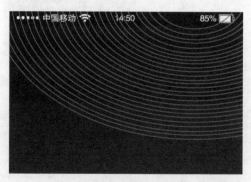

步骤 06 创建"圆形底纹"图层组，将所有圆形添加到图层组中，设置"不透明度"为30%，然后添加图层蒙版，编辑蒙版调整显示范围，创建渐隐的图形效果。

步骤 07 设置前景色为R255、G0、B80，使用"圆角矩形工具"在页面左侧绘制所需小图标，再选择"自定形状工具"，在右侧绘制出"搜索"形状小图标。

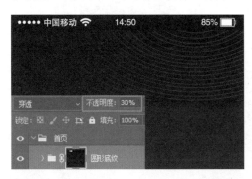
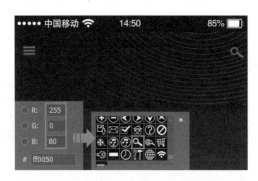

步骤 08 使用"直排文字工具"在页面中合适的位置单击，输入所需的文字信息，打开"字符"面板，在面板中分别调整输入文字的字体和大小等属性，在图像窗口中查看编辑后的文字效果。

步骤 09 使用"圆角矩形工具"在"音乐推荐"文字下方绘制白色圆角矩形，再使用"矩形工具"在下方绘制矩形，将01.jpg人物图像置入到矩形上方，按快捷键Ctrl+Alt+G，创建剪贴蒙版，拼合图像。

步骤 10 使用"矩形工具"在人物图像右侧绘制矩形，设置矩形的"不透明度"为50%，降低其透明度效果，按快捷键Ctrl+J，复制矩形，调整矩形的位置，并使用自由变换工具将复制矩形宽度设置为合适的大小。

**步骤 11** 使用"直排文字工具"在绘制的两个矩形图形上方单击,添加所需的文字信息,打开"字符"面板,在面板中对输入文字的字体和大小等属性进行调整,在图像窗口中查看编辑的文字效果。

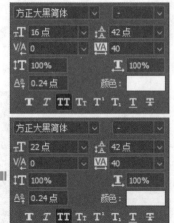

**步骤 12** 使用"直排文字工具"在上方输入另一排文字,然后打开"字符"面板,在面板中对输入文字的字体和大小等属性进行设置,在图像窗口中查看设置后的效果。

**步骤 13** 使用"圆角矩形工具"在文字下方的合适位置绘制一个圆角矩形,并为其填充合适的颜色,再使用"椭圆工具"在圆角矩形右侧绘制白色圆形。

**步骤 14** 按快捷键Ctrl+J,复制圆形,在选项栏中设置无填充颜色,设置描边颜色为白色、描边宽度为4像素,在"图层"面板中设置"不透明度"为37%,并对圆形进行放大设置。

步骤 15 使用"自定形状工具"在白色的圆形上绘制所需的图形，使用"横排文字工具"在左侧的圆角矩形上单击输入所需文字，打开"字符"面板调整文字属性。

步骤 16 使用"椭圆工具"在页面中再绘制圆形，双击图形，在打开的"图层样式"对话框中设置"内阴影"样式加以修饰，再复制圆形，使用"自定形状工具"在两个圆形上绘制所需的小图标。

步骤 17 使用"椭圆工具"在下方合适的位置绘制圆形小图标，然后使用"横排文字工具"在左侧圆形旁边输入所需文字，打开"字符"面板，在面板中对文字属性进行调整，在图像窗口中查看编辑后的效果。

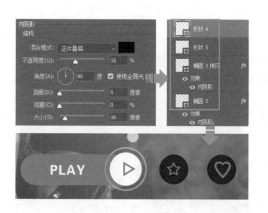

步骤 18 创建"专辑"图层组，使用"椭圆工具"在页面中绘制图形，单击选项栏中的填充选项，在展开的面板中设置合适的颜色，填充图形。

步骤 19 按快捷键Ctrl+J，复制图形，调整其大小后，在选项栏中设置图形的填充颜色和描边颜色。

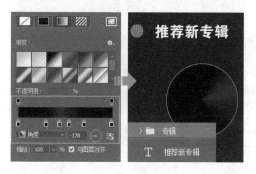

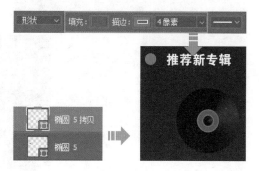

步骤20 选择"圆角矩形工具"，在选项栏中设置各选项，绘制所需图形，将01.jpg人物图像置入到矩形上，按快捷键Ctrl+Alt+G，创建剪贴蒙版，拼合图像，在图像下方输入专辑文字信息。

步骤21 连续按快捷键Ctrl+J，复制出多个"专辑"图层组，将复制的图层组移到合适的位置，并调整专辑上的图像和下方对应的文字信息，完成本页面的制作。

## 2. 推荐新专辑

步骤01 创建"推荐新专辑"图层组，将前面绘制的背景和状态栏复制到图层组中，开始新页面的制作。

步骤02 使用"自定形状工具"在状态栏下方绘制箭头和搜索图标，应用"横排文字工具"在箭头图标右侧输入文字信息，打开"字符"面板调整文字属性。

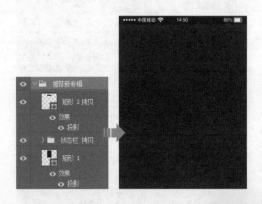

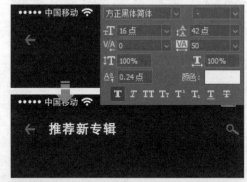

步骤03 使用"横排文字工具"在下方输入其他的文字信息，打开"字符"面板，在面板中设置输入文字的字体和大小等，然后使用"圆角矩形工具"在文字"流行"下方绘制圆角矩形。

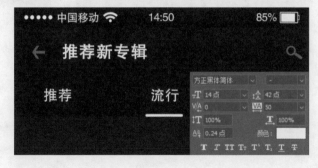

**步骤 04** 新建"专辑"图层组,选择工具箱中的"圆角矩形工具",在页面下方合适的位置再绘制一个白色的圆角矩形。

**步骤 05** 选择"椭圆工具",按住Shift键绘制圆形,为绘制图形填充合适的颜色,然后使用"圆角矩形工具"在圆形左侧再绘制一个圆角矩形图形。

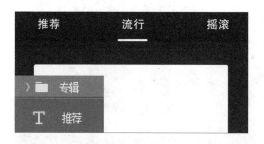

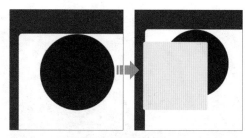

**步骤 06** 将01.jpg人物图像置入到圆角矩形上,按快捷键Ctrl+Alt+G,创建剪贴蒙版,拼合图像,再使用"横排文字工具"在图像右侧输入所需的文字。

**步骤 07** 选中"专辑"图层组,连续按快捷键Ctrl+J,复制多个图层组,并根据需要调整图层组中的图像及文本,再为复制的"专辑拷贝3"图层添加图层蒙版,将超出页面的部分隐藏起来,完成制作。

## 3. 发现

**步骤 01** 创建"发现"图层组,将前面绘制的背景、状态栏、导航栏复制到图层组中,根据页面内容,调整导航栏上的圆角矩形滑块的位置,将其移到"发现"文字下方。

**步骤 02** 创建"内容"图层组,选择"椭圆工具",按住Shift键单击并拖动,绘制圆形,执行"文件>置入嵌入对象"菜单命令,将07.jpg人物图像置入到圆形上方,创建剪贴蒙版,拼合图像。

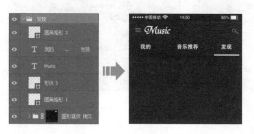

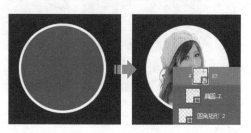

步骤03 使用"横排文字工具"在人物头像旁边输入所需的文字，然后打开"字符"面板，在面板中调整输入文字的字体和大小等，在图像窗口中查看编辑的文本效果。

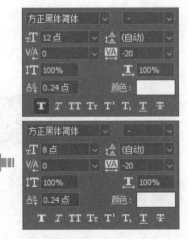

步骤04 使用"圆角矩形工具"在页面右侧绘制所需图形，使用"横排文字工具"在图形上输入文字，打开"字符"面板调整文字属性，制作出"关注"按钮。

步骤05 使用"圆角矩形工具"和"矩形工具"在下方合适的位置绘制其他图形，并利用"投影"样式对其进行修饰，增强页面元素的层次感。

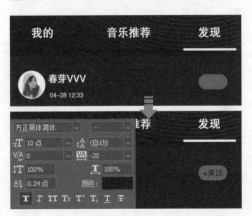

步骤06 将01.jpg人物图像置入到矩形上方，创建剪贴蒙版，然后使用"自定形状工具"在人物图像右侧上绘制出所需的图形。

步骤 07 使用"横排文字工具"在绘制的矩形上输入所需的文字,打开"字符"面板,调整输入文字属性。

 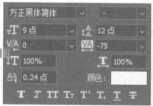 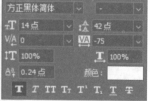

步骤 08 使用"椭圆工具"绘制所需的图形,设置"内阴影"样式修饰图形,再按快捷键Ctrl+J,复制出多个图形并移到合适的位置。

步骤 09 使用"椭圆工具""自定形状工具"等多种工具在圆形图形上绘制其他的图标,在图像窗口中查看绘制完成的效果。

步骤 10 按快捷键Ctrl+J,复制"内容"图层组,将复制的图层组中的对象向下移到合适的位置,添加图层蒙版,将超出页面的部分隐藏。

### 4. 专辑列表

步骤 01 创建"专辑列表"图层组,对前面绘制的背景、状态栏和导航栏进行复制,然后使用"自定形状工具"和"椭圆工具"绘制所需的图标,并输入相应文字信息。

步骤 02 选择工具箱中的"矩形工具",在导航栏下方绘制矩形,单击选项栏中的填充色块,在展开的面板中单击"渐变"选项,更改填充类型,并设置合适的渐变颜色,填充图形。

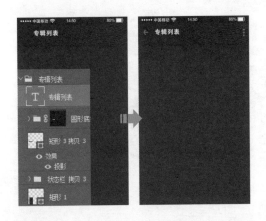

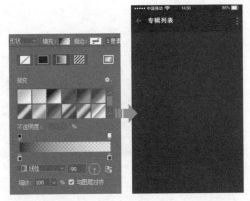

步骤 03 使用前面介绍过的方法，在渐变图形上绘制出圆形和圆角矩形，并将人物图像置入到图形上，创建剪贴蒙版，拼合图像，然后在右侧使用"横排文字工具"输入对应的歌曲信息。

步骤 04 使用"椭圆工具"绘制圆形，双击形状图层，打开"图层样式"对话框，设置"内阴影"样式加以修饰，再按快捷键Ctrl+J，复制多个圆形，将复制的圆形移到合适的位置。

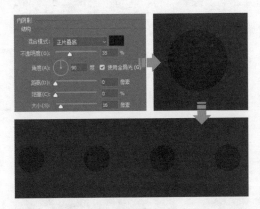

步骤 05 使用多种形状工具在绘制的圆形中间绘制所需的小图标，添加图标后，使用"横排文字工具"在图标下输入文字，打开"字符"面板，设置文字属性。

步骤 06 使用"圆角矩形工具"在页面下方绘制圆角矩形，使用"路径选择工具"选中图形，打开"属性"面板，在面板中将圆角矩形左下角和右下角的半径设置为0像素，将其转换为直角。

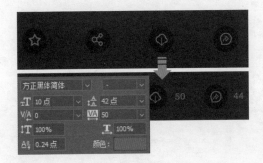

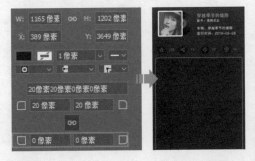

步骤 07 继续使用"圆角矩形工具"在图形中间绘制图形，并将四个角的半径都设置为0像素，双击形状图层，在打开的对话框中设置"投影"样式，修饰图形。

步骤 08 使用"横排文字工具"在绘制的图形上方输入所需的文字，根据内容为输入的文字设置合适的大小和颜色。

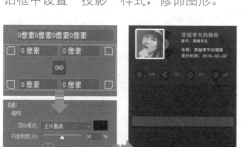

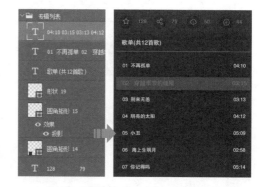

### 5. 歌曲播放

步骤 01 创建"歌曲播放"图层组，对前面绘制完成的背景、状态栏、导航栏进行复制，开始新页面的制作。

步骤 02 将01.jpg人物图像置入到页面中，添加图层蒙版，编辑图层蒙版，隐藏超出页面的图像并创建渐隐的图像效果，然后在"图层"面板中设置"不透明度"为28%。

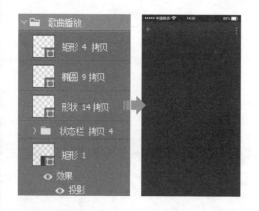

步骤 03 使用"横排文字工具"输入对应的歌词内容，选中段落文本，单击"段落"面板中的"居中对齐文本"按钮，更改文本对齐方式。

步骤 04 为文本图层添加图层蒙版，选择"渐变工具"，从下往上拖动创建"黑，白渐变"，制作渐隐的歌词显示效果。

步骤 05 选择工具箱中的"钢笔工具"，在选项栏中设置无填充颜色，并调整描边颜色和描边宽度，在画面中绘制出两条不同颜色的曲线。

步骤 06 为线条对应的形状图层添加图层蒙版，隐藏超出页面的部分，再选择"形状21"图层，将其"不透明度"设置为54%，降低紫色线条的透明度。

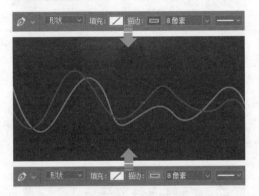

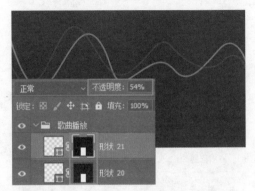

步骤 07 使用多种形状工具绘制歌曲播放按钮，再使用"移动工具"选中绘制的按钮，单击选项栏中的"水平分布"按钮，均匀分布这些按钮。

步骤 08 选择"圆角矩形工具"在播放按钮下方单击并拖动，绘制圆角矩形，双击图形打开"图层样式"对话框，在对话框中设置"投影"样式修饰图形。

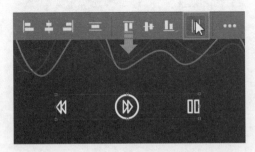

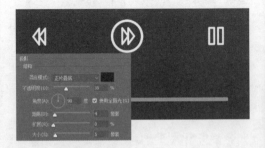

步骤 09 结合"圆角矩形工具"和"椭圆工具"再绘制另外的图形，制作成歌曲播放进度滑块，使用"横排文字工具"在滑块下方输入说明性文字。

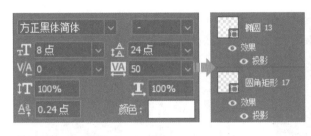

使用"椭圆工具"在滑块两侧绘制圆形，并为绘制的圆形添加"内阴影"样式修饰其效果，使用"钢笔工具"在圆形上绘制另外的小图标，完成本页面的制作。

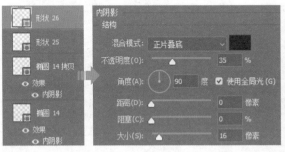

## 6. 个人主页

步骤 01 创建"个人主页"图层组，对前面绘制完成的背景、状态栏和导航栏进行复制，开始新页面的制作。根据页面内容，将导航栏下的圆角矩形移到文字"我的"下方。

步骤 02 创建"用户信息"图层组，选择"椭圆工具"，按住Shift键在画面中单击并拖动，绘制圆形，打开"图层"面板，在面板中设置"不透明度"为10%，降低图形的透明度效果。

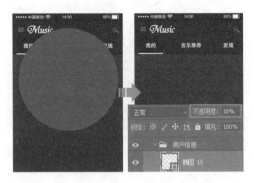

步骤 03 连续按快捷键Ctrl+J，复制多个圆形，并分别设置合适的大小，在"图层"面板中设置"椭圆15拷贝"图层的"不透明度"为30%，"椭圆15拷贝2"及其以上的图层"不透明度"为100%。

步骤 04 使用形状工具绘制更多装饰图形，将08.jpg人物图像置入到圆形上方，创建剪贴蒙版，然后使用"横排文字工具"在图像下方添加用户个人信息，创建图层蒙版，隐藏位于导航栏上方的图形。

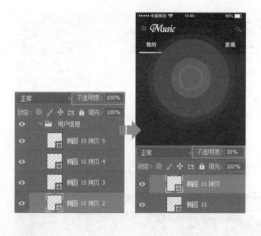

步骤 05 使用"圆角矩形工具"在页面中绘制所需图形并设置合适的填充颜色,设置"投影"样式,对绘制的图形进行修饰。

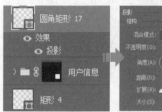

步骤 06 结合多种形状工具在圆角矩形上绘制出合适的小图标,使用"横排文字工具"在图标下输入文字,并在"字符"面板中调整文字属性。

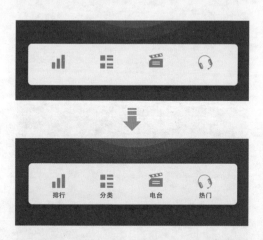

步骤 07 选择工具箱中的"直线工具",按住Shift键不放,单击并拖动,在页面上绘制一条水平直线,并为绘制线条填充合适的颜色。

步骤 08 连续按两次快捷键Ctrl+J，复制两条直线，将其向下移到合适的位置，再同时选中几条直线，单击选项栏中的"垂直分布"按钮 ，均匀分布线条。

步骤 09 结合多种形状工具在线条左侧绘制所需的图标，为这些图标填充合适的颜色，使用"移动工具"选中图标，单击选项栏中的"垂直分布"按钮 ，调整按钮分布方式。

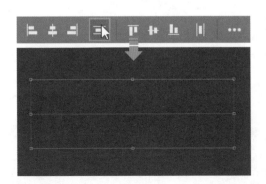 

步骤 10 使用"横排文字工具"在小图标右侧输入相应的说明文字，然后打开"字符"面板，在面板中对文字的字体和大小属性进行调整，在图像窗口中查看编辑的效果。

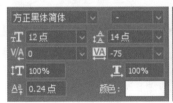 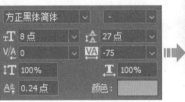 

步骤 11 使用"横排文字工具"在直线右侧绘制文本框，并输入文字，打开"字符"面板，在面板中调整文字属性。

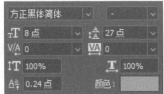  

步骤 12 选中创建的段落文本，打开"段落"面板，单击面板中的"居中对齐文本"按钮 ，更改其对齐方式，完成本案例的制作。

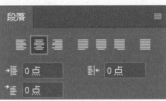 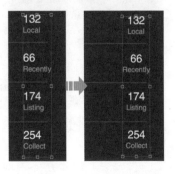

# 第10章

## 线性风格的智能家居App

智能家居是以住宅为平台，利用网络通信及人工智能自动控制家居生活设施，提升家居安全性、便利性、舒适性、艺术性，并实现环保节能的居住环境。本案例要完成的是一款智能家居 App 的 UI 设计。

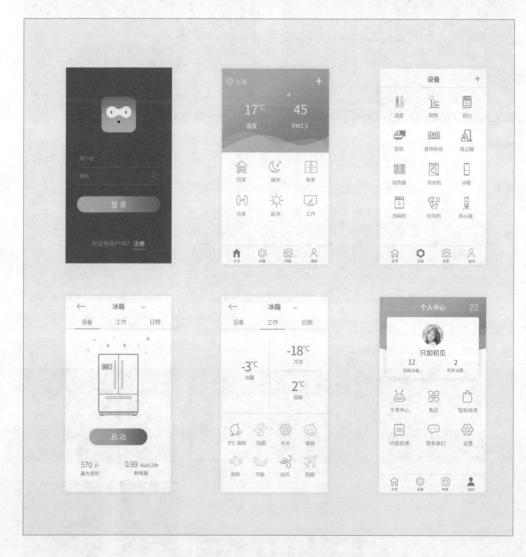

◎ 素　材：随书资源＼10＼素材＼01.jpg
◎ 源文件：随书资源＼10＼源文件＼线性风格的智能家居App.psd

## 10.1　分析用户需求

　　智能家居 App 是智能家居可移动化的管理和控制方式，对于用户来讲可能更关注于智能家居功能的实用性。好的智能家居 App 能够化繁为简、直观明了，给用户一个舒适的体验过程，带来非常便捷智能的居家生活。本案例 App 的 UI 主要包括首页、添加设备、启动设备、设备状态显示等几个简单实用的页面，用户只需要几步简单的操作就能通过 App 添加设备，快捷地实现对家中灯光、音箱、空调和热水器等设备的控制，让用户真正体验到智慧有趣、便捷舒适的居家生活。

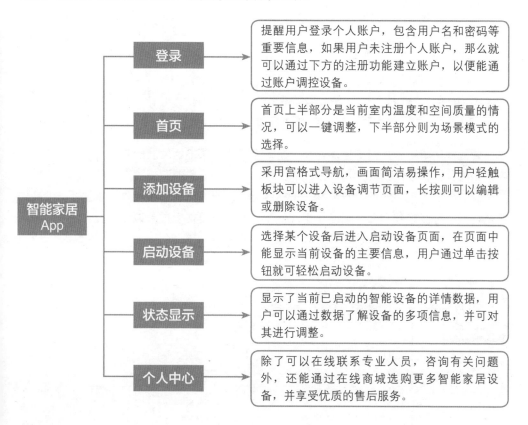

## 10.2　定义设计风格

　　本案例以扁平化的设计理念为主，利用线条感极强的风格对图标、标签栏及操作按钮等进行创作，并且为了增加其统一感，对于 UI 中出现的智能设备，没有使用真实的产品图片，而是选择了线条构建的小插画进行展示，如此不仅让画面更生动、有趣，而且还能体现其科技感。

图标栏　　　　导航栏

电器图标

# 10.3　颜色搭配技巧

　　智能家居改变着人们的生活习惯，是人类科技文明不断发展的结果。因此，本案例中使用能象征科技感的蓝色作为设计的主色，利用近似色的渐变营造一种高科技氛围，能够起到更好的指引作用。灰色，介于黑白之间，给人以平稳和朴素的感觉，与清爽的蓝色搭配，可以起到调和色相的作用，使画面不至于显得太过单调和死板。

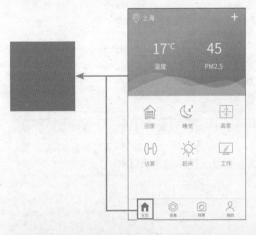

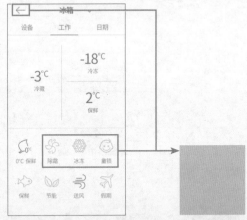

# 10.4　案例操作详解

　　本案例包括登录、首页、添加设备、启动设备、状态显示和个人中心 6 个页面。在制作过程中，先对页面进行布局，再在页面中添加文字、图标、按钮等基础元素来完善页面内容，其具体操作步骤如下。

## 1. 登录

步骤 01 创建新文档，为背景填充合适的颜色，新建"登录"图层组，使用"矩形工具"绘制出所需图形，并调整图形填充颜色。

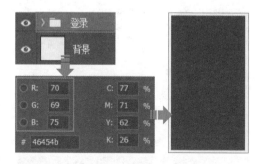

步骤 02 创建"logo"图层组，选择工具箱中的"圆角矩形工具"，设置半径为60像素，绘制所需图形，然后为图形填充合适的渐变颜色。

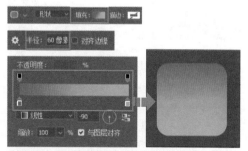

步骤 03 选择工具箱中的"椭圆工具"，按住Shift键单击并拖动，绘制圆形，单击选项栏中的"路径操作"按钮▣，在展开的列表中单击"合并形状"选项，在右侧绘制出另一个同等大小的圆形。

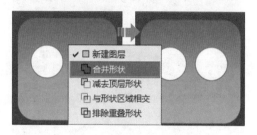

步骤 04 选择工具箱中的"钢笔工具"，单击选项栏中的"路径操作"按钮▣，在展开的列表中选择"合并形状"选项，在两个圆形中间位置绘制图形。

步骤 05 选择"圆角矩形工具"，更改半径为5像素，单击选项栏中的"路径操作"按钮▣，在展开的列表中选择"合并形状"选项，在圆形中间位置绘制图形，制作成眼睛图案。

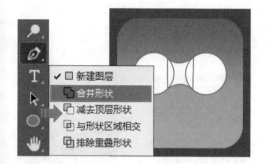

步骤 06 选择工具箱中的"椭圆工具"，按住Shift键单击并拖动，绘制圆形，并为图形填充合适的颜色，完成品牌徽标的制作，在图像窗口中查看绘制的效果。

步骤 07 选择"直线工具"，设置"粗细"为3像素，按住Shift键不放，单击并拖动，绘制两条水平的直线段，并为绘制的线条填充合适的颜色。

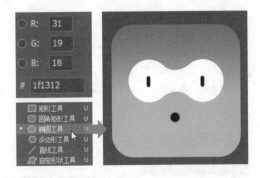

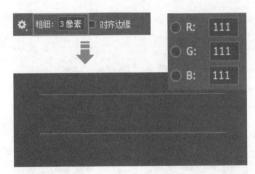

步骤08 选择工具箱中的"横排文字工具",在绘制的线条上方单击并输入所需的文字,打开"字符"面板,在面板中调整输入文字的字体和大小等。

步骤09 选择"自定形状工具",打开"形状"拾色器,单击选中"窄边圆形边框"和"问号"形状,在画面中第二条直线右侧绘制所需的图形。

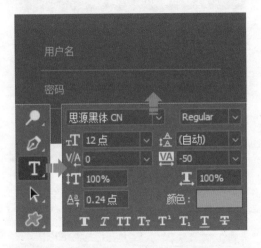

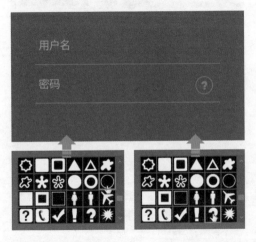

步骤10 选择工具箱中的"圆角矩形工具",在选项栏中设置"半径"为78像素,在画面中单击并拖动,绘制图形,为绘制的图形填充合适的渐变颜色。

步骤11 使用"横排文字工具"在图形上输入所需的文字,然后打开"字符"面板,在面板中对输入文字的属性进行设置,设置后在图像窗口中查看效果。

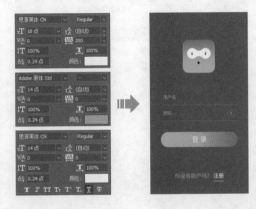

## 2. 首页

步骤 01 创建"首页"图层组，使用"矩形工具"绘制图形，双击图形，打开"图层样式"对话框，在对话框中设置"投影"样式，应用设置样式修饰图形。

步骤 02 使用"矩形工具"在白色的矩形上方绘制一个同等宽度、不同高度的矩形，然后单击选项栏中的填充色块，在展开的面板中更改填充类型和填充颜色。

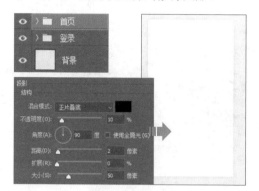

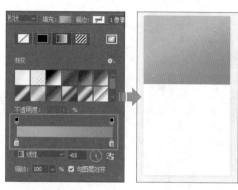

步骤 03 使用"钢笔工具"在矩形下方绘制所需的图形，打开"图层"面板，在面板中选择对应的"形状3"图层，设置"不透明度"为15%，降低透明度效果。

步骤 04 使用"钢笔工具"再绘制另一个不规则图形，打开"图层"面板，在面板中选择对应的"形状4"图层，设置"不透明度"设置为25%，降低透明度效果。

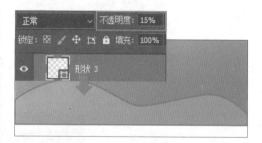

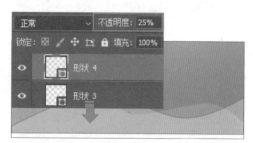

步骤 05 使用形状工具在矩形左上角绘制定位图标，再使用"横排文字工具"在图标右侧输入所需文字，打开"字符"面板，设置文字属性。

步骤 06 使用"横排文字工具"在页面上方再绘制更多的文字，并结合"字符"面板将文字设置为合适的大小。

步骤 07 设置前景色为R119、G119、B119，使用更多的形状工具在页面中间绘制出其他所需的小图标，在图像窗口中查看绘制的效果。

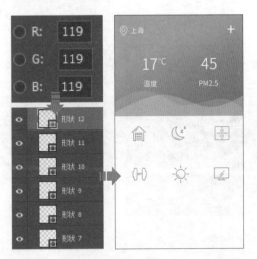

步骤 08 创建"颜色填充1"图层，在打开的"拾色器（纯色）"对话框中设置填充颜色，然后更改图层混合模式为"颜色"，并将蒙版填充为黑色。

步骤 09 使用"矩形选框工具"在图形上创建矩形选区，单击蒙版缩览图，按快捷键Alt+Delete，将蒙版填充为白色，显示蓝色的图形效果，应用相同的方法完成更多颜色的调整。

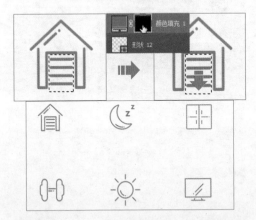

步骤 10 使用"横排文字工具"在编辑好的图形下方单击输入对应的文字信息，然后打开"字符"面板，在面板中对输入文字的字体、大小、颜色等进行设置。

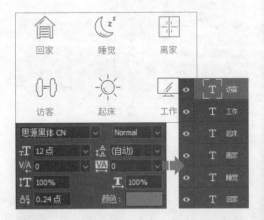

步骤 11 创建"操作栏"图层组，使用"矩形工具"在页面底部绘制矩形，并填充合适的颜色，双击图层，打开"图层样式"对话框，在对话框中设置"投影"样式修饰图形。

步骤 12 使用更多形状工具在已绘制的矩形上方绘制出主页形状图标，然后在图标下方输入所需的文字信息，打开"字符"面板，在面板中对文字属性进行调整。

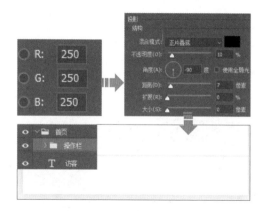

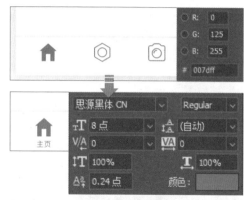

步骤13 使用多种形状工具在页面下方绘制其他的操作图标，为绘制的图标填充合适的颜色，使用"移动工具"选中所有小图标，单击选项栏中的"垂直居中对齐"按钮，对齐图标。

步骤14 使用"横排文字工具"在绘制的小图标下方输入对应的说明文字，然后打开"字符"面板，在面板中对输入文字的字体、大小、颜色等进行调整。

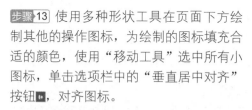

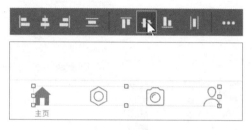

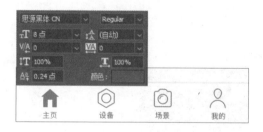

### 3. 添加设备

步骤01 创建"智能设备"图层组，使用"矩形工具"绘制一个矩形图形，双击形状图层，打开"图层样式"对话框，在对话框中单击并设置"投影"样式，修饰矩形。

步骤02 使用"横排文字工具"在页面顶部输入文字，打开"字符"面板，在面板中更改文字字重、大小及颜色等，选择"直线工具"，在输入的文字下方绘制一条水平直线。

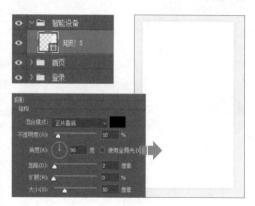

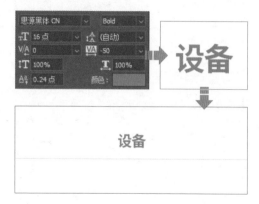

步骤 03 使用多种形状工具绘制出所需的图标，然后创建"颜色填充2"调整图层，设置填充颜色为R4、G218、B177，图层混合模式为"滤色"。

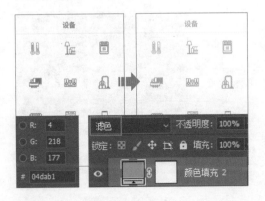

步骤 04 将蒙版填充为黑色，使用"矩形选框工具"创建矩形选区，单击蒙版缩览图，按快捷键Alt+Delete，将蒙版选区填充为白色。

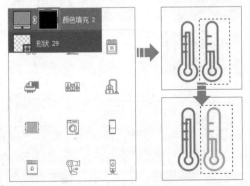

步骤 05 继续使用相同的方法，创建选区并将选区填充为白色，设置后在图像窗口中可以看到更改颜色后的图标效果。

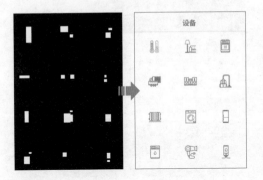

步骤 06 使用"横排文字工具"输入所需的文字，打开"字符"面板，对输入文字的属性进行设置，在图像窗口中可以看到添加文字后的效果。

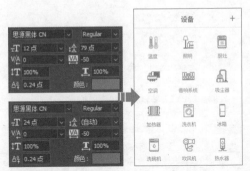

步骤 07 复制前面制作好的"操作栏"，将复制的图层组移到"智能设备"页面底部，根据页面的位置，调整操作栏中的图标和文本颜色。

## 4. 启动设备

步骤 01 创建"启动设备"图层组，使用"矩形工具"绘制图形，作为背景，然后双击图形，打开"图层样式"对话框，在对话框中单击并设置"投影"样式，修饰图形。

步骤 02 使用"钢笔工具"在页面顶部绘制出箭头图标，并为其填充合适的颜色，然后使用"横排文字"在图标中间位置输入所需文字，打开"字符"面板对文字的属性进行设置。

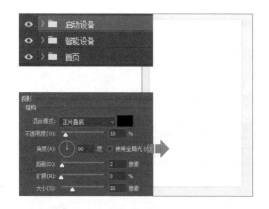

**步骤 03** 使用"直线工具"在下方绘制两条水平的线条，并为绘制的线条填充合适的颜色，再利用"横排文字工具"在绘制的线条上方输入所需的导航文本。

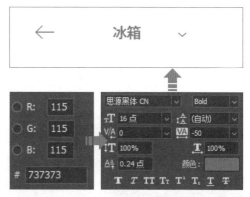

**步骤 04** 创建"冰箱"图层组，使用"圆角矩形工具"在下方绘制出所需的图形，然后在选项栏中设置填充颜色为无，描边颜色为R0、G125、B255，描边宽度为8像素。

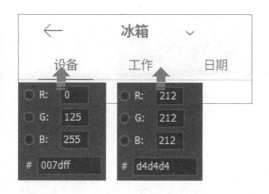

**步骤 05** 继续使用"圆角矩形工具"绘制出更多的图形，组成冰箱图案，然后选择工具箱中的"直线工具"，按住Shift键不放单击并拖动，绘制更多的线条，完善图案。

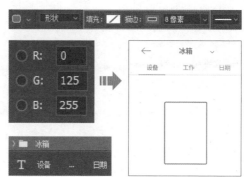

**步骤 06** 结合"椭圆工具"和"自定形状工具"在冰箱图案上方绘制一些其他的装饰图形，再使用"横排文字工具"在图形旁边合适的位置输入加号符号。

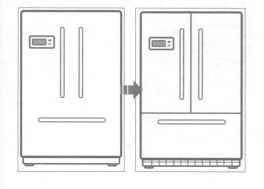

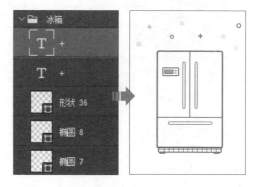

步骤 07 选择工具箱中的"圆角矩形工具"，在冰箱下方单击并拖动，绘制所需的图形，单击选项栏中的填充选项，在展开的面板中更改填充类型和填充颜色。

步骤 08 使用"横排文字工具"在圆角矩形上输入文字，打开"字符"面板设置文字属性，选中文字和图形对象，单击"水平居中对齐"和"垂直居中对齐"按钮，对齐对象。

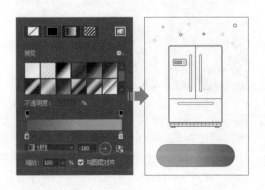

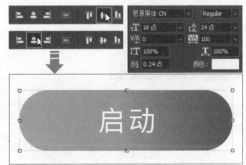

步骤 09 使用"横排文字工具"在制作的启动按钮下方输入所需的文字，执行"窗口>段落"菜单命令，打开"段落"面板，单击"居中对齐文本"按钮，更改对齐方式。

## 5. 状态显示

步骤 01 创建"状态显示"图层组，对前面绘制的背景和导航栏进行复制，根据内容调整导航栏中的文字内容，开始新页面的制作。

步骤 02 选中"形状31拷贝"图层，选择"直线工具"，单击选项栏中的"路径操作"按钮，在展开的列表中选择"合并形状"选项，按住Shift键单击并拖动，绘制更多的线条，对页面进行分区。

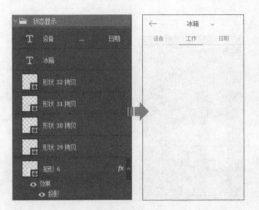

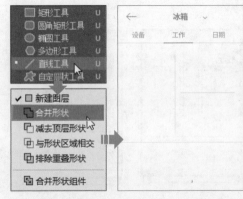

步骤 03 创建"0度保鲜"图层组，选择"自定形状工具"，打开"形状"拾色器，选择"叶子3"形状，单击并拖动绘制所需的图形，然后添加图层蒙版，隐藏右侧的一部分图形。

步骤 04 使用"横排文字工具"在叶子图形旁边输入文字，打开"字符"面板，单击并插入温度符号，然后打开"字符"面板，在面板中单击"上标"按钮，将温度符号设置为上标效果。

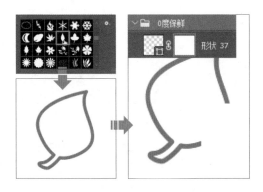

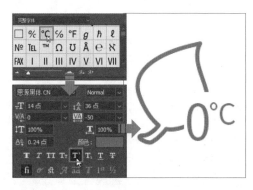

步骤 05 创建"除霜"图层组，使用"椭圆工具"绘制一个圆形，将鼠标指针置于路径上，右击图标，在弹出的菜单中单击"添加锚点"选项，在圆形路径上添加锚点。

步骤 06 使用"直接选择工具"单击选中另一个锚点，按Delete键，弹出提示对话框，单击对话框中的"是"按钮，删除锚点，创建开放的路径效果。

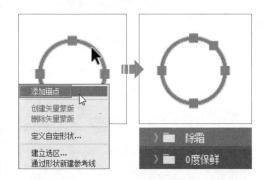

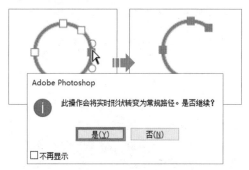

步骤 07 结合"直接选择工具"和"转换点工具"调整锚点，更改图形的外形轮廓，再复制多个图形并调整位置。

步骤 08 使用"钢笔工具"绘制两条曲线路径，按快捷键Ctrl+J，复制图形，将复制的图形移到合适的位置。

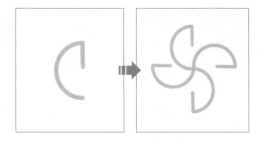

步骤 09 创建其他图层组，使用相同的方法，应用多种形状工具完成页面中其他图形的绘制，绘制完成后，使用"横排文字工具"在图标下方输入说明文字。

步骤 10 使用"横排文字工具"在页面上方输入其他的文字，打开"字符"面板，在面板中对文字的属性进行设置，在图像窗口中查看设置的效果。

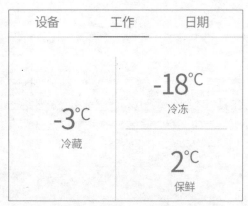

## 6. 个人中心

步骤 01 创建"个人中心"图层组，对前面制作的背景进行复制，开始新页面的制作。使用"矩形工具"绘制图形，并填充合适的渐变颜色。

步骤 02 选择工具箱中的"直接选择工具"，右击矩形图形，在弹出的快捷菜单中单击"添加锚点"选项，添加锚点，再向下拖动锚点，更改图形的外形。

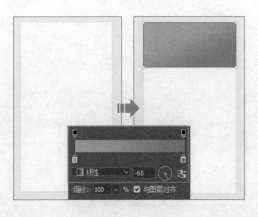

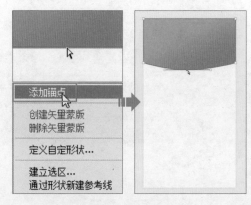

步骤 03 连续按两次快捷键Ctrl+J，复制两个图形，应用相同的方法调整图形，再更改图形的"不透明度"为15%。

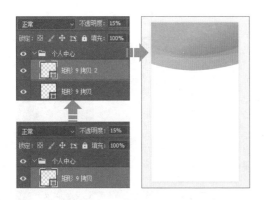

步骤 04 使用"横排文字工具"输入所需的文字，在"字符"面板中对文字的属性进行设置，使用"自定形状工具"在文字右侧绘制"邮件"图标。

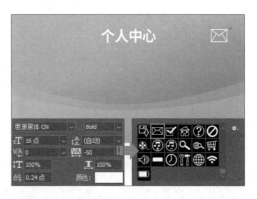

步骤 05 使用"圆角矩形工具"在页面中绘制圆角矩形，双击形状图层，打开"图层样式"对话框，设置"投影"样式修饰图形。

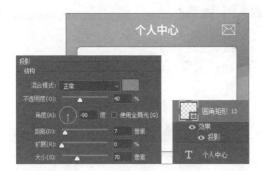

步骤 06 使用"椭圆工具"在圆角矩形中间绘制圆形，将01.jpg人物图像置入到圆形上方，创建剪贴蒙版，隐藏圆形外的图像。

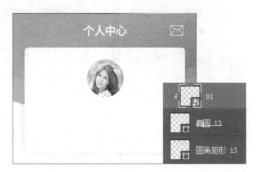

步骤 07 使用"横排文字工具"在人物图像下方输入文字，打开"字符"面板，在面板中对文字的属性进行设置。

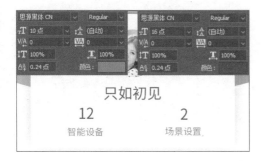

步骤 08 创建"专家中心"图层组，用"圆角矩形工具"绘制所需的图形，打开"属性"面板，在面板中分别为图形的四个角设置合适的半径。

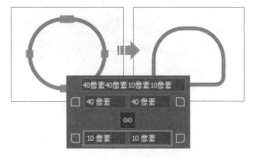

步骤09 单击选项栏中的"路径操作"按钮■，在展开的列表中单击"合并形状"选项，使用"圆角矩形工具"绘制其他图形，创建复合图形。

步骤10 创建其他图层组，在图层组中使用更多形状工具分别绘制出相应的图形，制作成不同的图标效果。

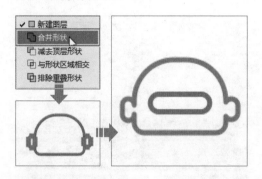

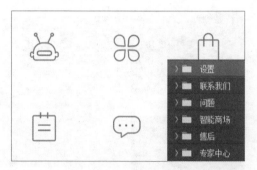

步骤11 使用"横排文字工具"在绘制的图形下方输入对应的说明文字，打开"字符"面板，在面板中对文字的属性进行设置。

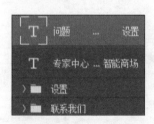

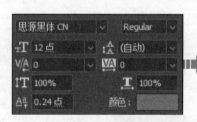

步骤12 对前面编辑的操作栏进行复制，并将其移到页面下方，根据页面位置调整操作栏中图标和文字的颜色，完成本案例的制作。

# 活泼可爱的早教App

随着生活水平与人们对文化水平要求的提高，家长们越来越重视孩子的教育。越来越多的家长使用早教 App 进行早教活动。对于不同年龄段的儿童，早教 App 在功能和内容的安排上也存在一定差异。本案例要完成的是针对 2 ～ 5 岁幼儿的一款早教 App 的 UI 设计。

## 第11章

◎ 素　材：随书资源 \ 11 \ 素材 \ 01.jpg、02.png、03.png
◎ 源文件：随书资源 \ 11 \ 源文件 \ 活泼可爱的早教App.psd

# 11.1    分析用户需求

早教 App 的主要受众是幼儿，所以在设计时需要从小朋友的角度去考虑，UI 应当采用比较简洁的方式，以便于小朋友能够轻松掌握其操作和使用方法。目前，大部分早教平台还是中规中矩的，游戏化的内容很少，所以本案例的设计采用新思路，通过将教育内容与轻松的小游戏相结合的方式，应用一些非常简单的小游戏来提醒小朋友要准时起床、吃饭、睡觉等，轻松活泼的氛围不但能提升小朋友的兴趣，而且能让其在游戏的过程中学到更多、更有用的小知识。

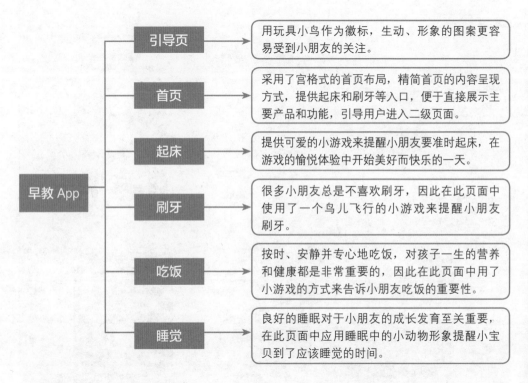

# 11.2    定义设计风格

因为本案例是针对 2 ～ 5 岁小朋友所设计的 App，所以在设计 UI 时结合幼儿纯真、活泼和烂漫的特征，采用了活泼可爱的风格进行表现。为了营造出活泼可爱的视觉风格，在引导页、主页及各游戏页面中都使用了一些非常可爱的卡通形象来展示。除了可爱的卡通形象外，为了呈现统一的视觉效果，在设计按钮和进度条等元素时，采用了比较圆润的设计，并应用纯度和明度较高的颜色进行填充，用于烘托小朋友天真可爱的特性。

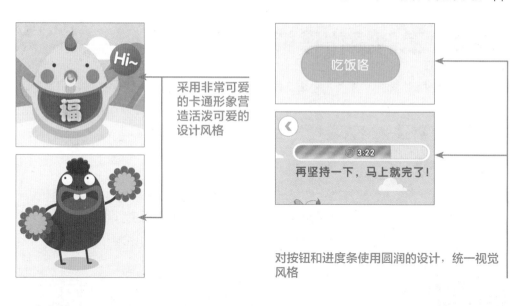

采用非常可爱的卡通形象营造活泼可爱的设计风格

对按钮和进度条使用圆润的设计，统一视觉风格

## 11.3　颜色搭配技巧

本案例 App 的主要用户群体是幼儿，所以在设计 UI 时宜采用活泼艳丽的配色方案。本案例以明度较高的橘黄色作为 UI 的主色，橘黄色带有橙色的动感与活力，温柔的色相给人清新、生动且活泼的印象，穿插同样纯度较高的绿色，起到了一定的视觉缓冲作用。并且反差较大的橘黄色和嫩绿色相搭配，还能给人以很强的视觉冲击。

## 11.4　案例操作详解

　　本案例包括引导页、首页、起床、刷牙、吃饭、睡觉 6 个页面。在制作页面时，首先使用形状工具绘制出游戏中的背景和卡通形象等，再向页面中添加按钮和图标等，然后在按钮和图标上输入文字完善设计效果，其具体操作步骤如下。

### 1. 引导页

步骤 01　创建新文档，为背景填充合适的颜色，新建"引导页"图层组，使用"矩形工具"绘制出所需图形，并设置"外发光"样式进行修饰。

步骤 02　将 01.jpg 素材图像置入到背景中，设置"不透明度"为 20%，降低透明度效果，再复制图像，并移到合适的位置。

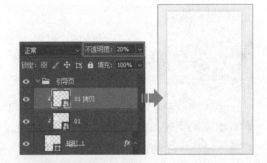

步骤 03　选择工具箱中的"多边形工具"，设置"边数"为 18，在页面中间绘制所需的图形，并为绘制的图形设置合适的填充颜色。

步骤 04　双击多边形图层，打开"图层样式"对话框，在对话框中分别单击"斜面和浮雕"和"投影"样式，分别在展开的选项卡中设置样式选项，设置后在图像窗口可以查看到应用这两种样式编辑的图形效果。

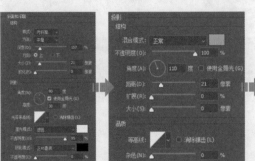

步骤 05 选择工具箱中的"钢笔工具"，在画面中连续单击，绘制出所需的图形，然后单击选项栏中的填充色块，在展开的面板中设置填充类型和填充颜色。

步骤 06 使用"钢笔工具"再绘制另一个图形，并设置合适的填充颜色，单击选项栏中的"路径操作"按钮，在展开的列表中单击"合并形状"选项，绘制更多图形。

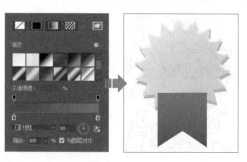
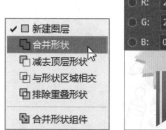
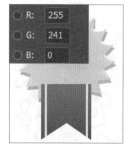

步骤 07 选择工具箱中的"椭圆工具"，按住Shift键单击并拖动，绘制圆形，并为图形填充合适的颜色，然后复制并缩小圆形，更改图形填充颜色。

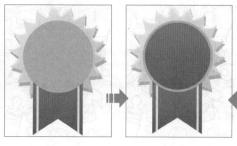

步骤 08 按快捷键Ctrl+J，再复制圆形图形，缩小图形，双击形状图层，打开"图层样式"对话框，在对话框中单击并设置"内阴影"样式修饰图形，增强层次感。

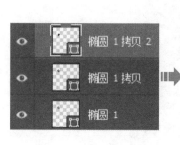

步骤 09 创建"卡通形象1"图层组，使用多种形状工具在画面中绘制所需的卡通形象，按住Ctrl键，在"图层"面板中单击"椭圆1拷贝2"图层缩览图，载入选区，单击"添加图层蒙版"按钮，添加蒙版，隐藏选区外的卡通图像。

步骤 10 使用"画笔工具"适当调整蒙版范围，将部分隐藏图像再显示出来，选择"横排文字工具"，在画面中的适当位置单击，输入所需的文字，然后打开"字符"面板，在面板中对文字的字体、颜色、大小等属性进行调整。

**步骤 11** 使用"横排文字工具"在输入的文字上方单击并拖动，选中文字，单击选项栏中的颜色块，在打开的对话框中重新设置并更改所选文字的颜色。

**步骤 12** 使用相同的方法，使用"横排文字工具"选中另外两个文字，分别为选中文字设置相应的颜色。

**步骤 13** 双击文本图层，打开"图层样式"对话框，单击对话框左侧的"描边"和"投影"样式，在展开的选项卡中分别设置"描边"和"投影"样式选项，设置后在图像窗口中查看添加的样式效果。

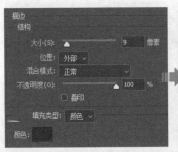

**步骤 14** 使用"横排文字工具"在已输入文字下方再输入其他说明文字，打开"字符"面板，在面板中调整文字的大小和颜色等属性。

步骤 15 双击文本图层，打开"图层样式"对话框，单击对话框中的"描边"和"投影"样式，在展开的选项卡中设置"描边"和"投影"样式选项，设置后在图像窗口中查看添加的样式效果。

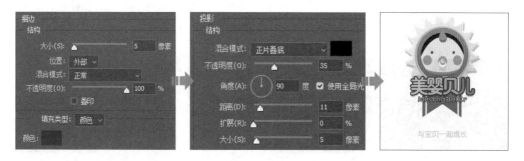

## 2. 首页

步骤 01 创建"首页"图层组，对前面编辑的背景和卡通形象进行复制，开始新页面的制作。

步骤 02 选择工具箱中的"矩形工具"，在复制的卡通形象下方再绘制另一个矩形，并在"属性"面板中更改图形的填充颜色。

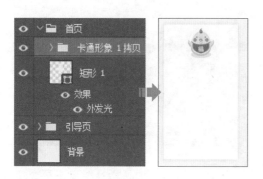

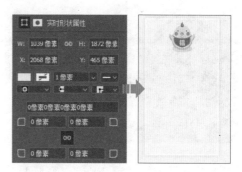

步骤 03 选择工具箱中的"钢笔工具"在页面上方绘制所需图形，并为绘制的图形设置合适的填充颜色。

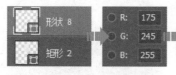

步骤 04 使用"钢笔工具"在绘制的蓝色背景上绘制出云朵形状的图形，按两次快捷键Ctrl+J，复制出两个图形，调整其位置后，分别设置图形的"不透明度"为80%和50%。

步骤 05 创建"山"图层组，使用"钢笔工具"绘制多个图形，并为绘制的图形设置合适的填充颜色，组合成层叠的山峰效果。

步骤 06 按快捷键Ctrl+J，复制"山"图层组，执行"编辑>变换>水平翻转"菜单命令，水平翻转图层组中的图像，并将其向右移到合适的位置上。

步骤 07 新建"树"图层组，使用"椭圆工具"绘制一个圆形，并为图形设置合适的填充颜色，然后在绘制的圆形上应用"钢笔工具"绘制大树的枝干形状。

步骤 08 按两次快捷键Ctrl+J，复制两个"树"图层组，将复制的图层组中的图形移到适当的位置，并按快捷键Ctrl+T，将图形缩放到合适大小。

步骤 09 使用多种形状工具绘制出页面中的其他图形，然后在"图层"面板中选中"形状19"图层，设置图形的"不透明度"为50%，降低其透明度效果。

步骤 10 选择"椭圆工具",按住Shift键绘制圆形图形,应用"添加锚点工具""直接选择工具"等路径编辑工具对绘制的圆形进行编辑,更改图形的外形轮廓。

步骤 11 使用"横排文字工具"在编辑好的图形上方输入所需文字,按快捷键Ctrl+T,旋转文字,调整其角度,打开"字符"面板,在面板中设置文字属性。

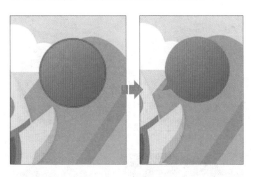
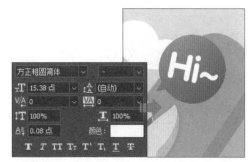

步骤 12 双击文本图层,打开"图层样式"对话框,在对话框中单击"内发光"和"投影"样式,在展开的选项卡中设置样式选项,在图像窗口中可以查看添加样式的文字效果。

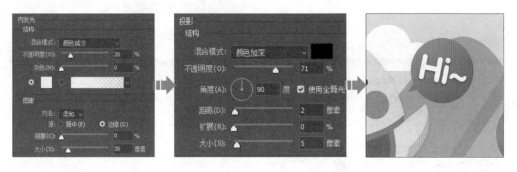

步骤 13 选择"圆角矩形工具",在选项栏中设置填充和描边颜色,并输入"半径"为110像素,在页面下方绘制圆角矩形。

步骤 14 连续按快捷键Ctrl+J,复制多个圆角矩形,将复制的圆角矩形移到合适的位置上,根据内容更改图形填充颜色。

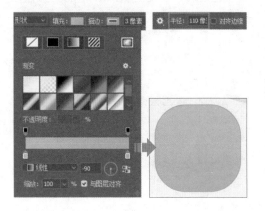
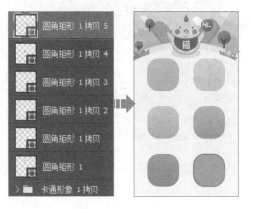

步骤 15 使用"椭圆工具"在绿色圆角矩形中间绘制圆形，单击选项栏中的"路径操作"按钮，在展开的列表中单击"减去顶层形状"选项，绘制图形，创建圆环效果。

步骤 16 选择"圆角矩形工具"，单击选项栏中的"路径操作"按钮，在展开的列表中单击"合并形状"选项，继续在圆环外侧绘制其他图形，组合成太阳的形状。

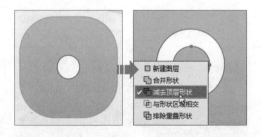

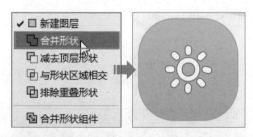

步骤 17 双击形状图层，打开"图层样式"对话框，在对话框中单击"投影"样式，在展开的选项卡中设置样式选项，在图像窗口中可以看到添加样式的效果。

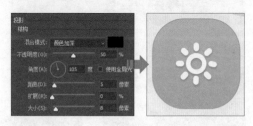

步骤 18 继续使用多种形状工具绘制其他图形并添加投影，选择"横排文字工具"在图形下方输入所需的说明文字，打开"字符"面板，在面板中对文字的属性进行设置。

步骤 19 选择工具箱中的"椭圆工具"，按住Shift键绘制出圆形，选择"圆角矩形工具"，单击选项栏中的"路径操作"按钮，在展开的列表中选择"合并形状"选项，绘制图形，制作出"关闭"按钮。

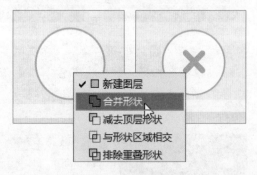

### 3. 起床

步骤 01 创建"起床"图层组，对前面编辑的背景、山峰、树木等装饰图形进行复制，开始制作新页面。

步骤 02 创建"云朵"图层组，使用"圆角矩形工具"，在蓝色的天空上绘制图形，选择"椭圆工具"，单击选项栏中的"路径操作"按钮，在展开的列表中选择"合并形状"选项，绘制图形。

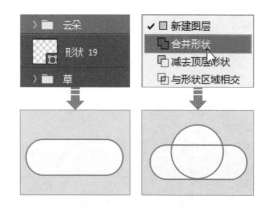

**步骤 03** 单击 "椭圆工具" 选项栏中的 "路径操作" 按钮，在展开的列表中选择 "新建图层" 按钮，按住 Shift 键不放，单击并拖动绘制出更多的圆形。

**步骤 04** 按快捷键 Ctrl+J，复制 "云" 图层组，将复制的图层组中的云朵图形移到合适的位置，利用 "矩形选框工具" 创建选区，单击 "添加图层蒙版" 按钮，添加蒙版，隐藏选区外的图形。

 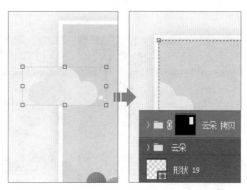

**步骤 05** 在 "山" 图层组下创建 "云朵 2" 图层组，使用 "钢笔工具" 和 "椭圆工具" 完成其他形状的云朵的绘制。

**步骤 06** 创建 "太阳" 图层组，使用多种形状工具绘制太阳图形，添加图层蒙版，将超出页面的部分隐藏。

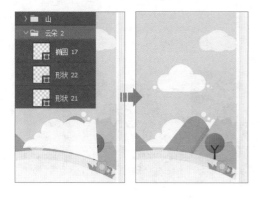 

步骤07 在"图层"面板中选中"山" "草"图层组和"形状19"图层,执行 "图层>排列>置为顶层"菜单命令,将 选中的图层和图层组移到最上方。

步骤08 创建"音箱"图层组,使用多种 形状工具绘制所需的图形,组合成音箱形 状,在图像窗口中可以看到绘制的图形 效果。

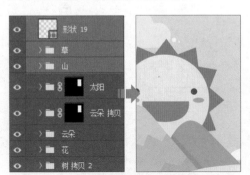

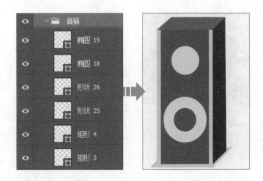

步骤09 双击形状图层,打开"图层样式"对话框,在对话框中单击"图案叠加"样 式,分别为图层中的图形设置不同的样式选项,修饰图形,在图像窗口中可以看到叠 加图案的效果。

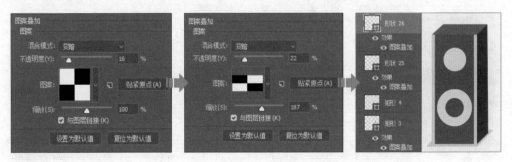

步骤10 按快捷键Ctrl+J,复制"音箱"图 层组,执行"编辑>变换>水平翻转"菜 单命令,水平翻转复制的音箱并将其移到 合适的位置。

步骤11 创建"卡通形象2"图层组,使用 多种形状工具在两个音箱中间留白的区域 绘制出所需的卡通图形。

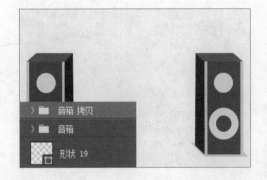

步骤12 按快捷键Ctrl+J，复制多个卡通形象图层组，然后将图层组中的图像移到不同的位置，并将其缩放到合适的大小。

步骤13 使用"椭圆工具"在页面上方绘制一个圆形，盖印"卡通形象"图层组，得到"卡通形象2（合并）图层"，将此图层移到圆形上，添加图层蒙版，隐藏多余的部分。

步骤14 选择工具箱中的"横排文字工具"，输入所需的文字，打开"字符"面板，在面板中设置文字的属性。

步骤15 双击文本图层，打开"图层样式"对话框，在对话框中单击并设置"描边"样式对文字进行修饰，设置后在图像窗口中可以查看应用的描边效果。

步骤16 使用"椭圆工具"在页面左上角位置绘制圆形，选择"自定形状工具"，在圆形中间绘制箭头图形，执行"编辑>变换路径>水平翻转"菜单命令，翻转图形，完成当前页面的制作。

## 4. 刷牙

步骤01 创建"刷牙"图层组，对前面编辑的背景及一些元素进行复制，开始制作新页面。先使用多种形状工具绘制出背景图案。

步骤02 新建"进度条"图层组，选择"圆角矩形工具"，在页面顶部单击并拖动，绘制一个白色的圆角矩形。

步骤 03 按快捷键Ctrl+J，复制图形，得到"圆角矩形6拷贝"图层，按快捷键Ctrl+T，将图形缩放到合适的大小，然后在选项栏中重新设置图形的填充选项和描边选项。

步骤 04 按快捷键Ctrl+J，再复制图形，在选项栏中设置填充颜色为R144、G220、B2，描边为无颜色，然后在"属性"面板中将圆角矩形右上角和右下角的半径设置为0像素，调整图形，更改图形的外形轮廓。

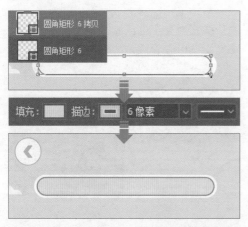

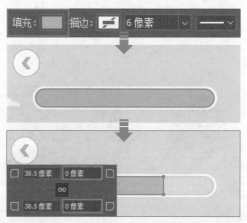

步骤 05 双击形状图层，打开"图层样式"对话框，在对话框中单击"斜面和浮雕"和"图案叠加"样式，设置样式选项修饰图形，使用"横排文字工具"在图形下方输入所需文字，打开"字符"面板，设置文字的属性，在图像窗口中可以看到设置的效果。

步骤 06 使用"自定形状工具"在进度条上绘制"时间"图形，然后在绘制的图形右侧利用"横排文字工具"输入说明文字，打开"字符"面板对文字的属性进行设置。

步骤 07 双击文本图层，打开"图层样式"对话框，在对话框中单击"描边"样式，在展开的选项卡中设置样式选项，在图像窗口中查看编辑的效果。

步骤 08 创建"按钮"图层组，选择工具箱中的"圆角矩形工具"，在页面底部单击并拖动，绘制所需的图形，然后在选项栏中设置图形的填充和描边选项，在图像窗口中查看设置的效果。

步骤 09 双击形状图层，打开"图层样式"对话框，在对话框中单击并设置"斜面和浮雕"样式修饰图形，使用"横排义字工具"在图形中间输入文字，打开"字符"面板对文字属性进行设置。

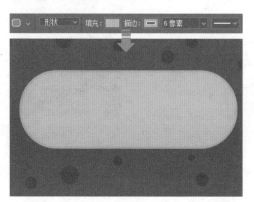

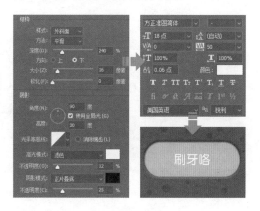

## 5. 吃饭

步骤 01 创建"吃饭"图层组，复制前面编辑的背景、山峰、卡通形象等元素，开始新页面的制作，使用形状工具重新绘制卡通图像的嘴巴及手中的刀叉图形。

步骤 02 创建"桌子/食物"图层组，使用工具箱中的多种形状工具绘制图形，组合成桌子的形状。

步骤 03 将02.png和03.png食物图像置入到桌子上方，双击图层，打开"图层样式"对话框，在对话框中设置"投影"样式对其进行修饰。

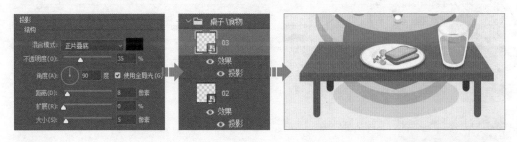

步骤 04 创建"按钮"图层组，使用"圆角矩形工具"绘制按钮的形状，为绘制的图形添加"斜面和浮雕"样式，使用"横排文字工具"在图形上添加文字。

## 6. 睡觉

步骤 01 创建"睡觉"图层组，复制前面绘制的背景、山峰、树木等元素，开始新页面的制作，单击"调整"面板中的"黑白"按钮，在打开的"属性"面板中设置选项。

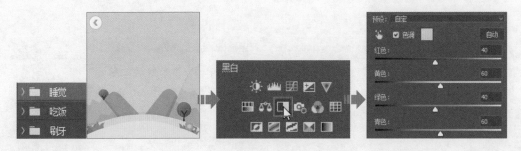

步骤 02 创建"渐变填充"图层，打开"渐变填充"对话框，在对话框中设置要填充的渐变颜色，单击"确定"按钮，应用颜色，将图像转换为单色调效果。

步骤 03 创建"房屋"图层组，使用多种形状工具绘制出房子形状的图形，然后对前面绘制的卡通图像进行复制，将复制的图像移到绘制的房子上方。

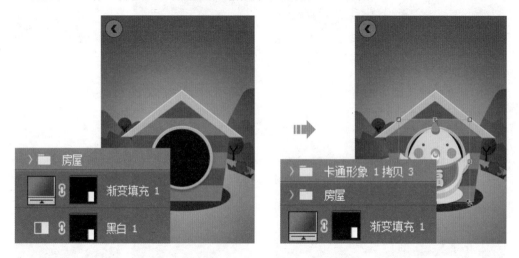

步骤 04 选择并按 Delete 键，将多余的图像删除，使用"钢笔工具"重新绘制眼睛和嘴巴形状的图形，并为绘制图形设置合适的填充颜色。

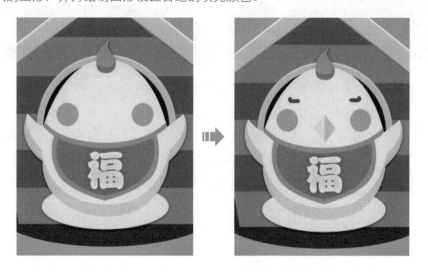

步骤 05 单击"添加图层蒙版"按钮，为"卡通形状1拷贝3"图层组添加蒙版，将多余的部分隐藏，使用"横排文字工具"在卡通图案左侧输入字母Z。

步骤 06 选择工具箱中的"椭圆工具"，在页面右上角位置绘制出月亮形状的图形，双击形状图层，打开"图层样式"对话框，在对话框中设置"外发光"样式修饰图形。

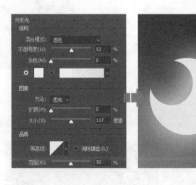

步骤 07 使用"椭圆工具"在天空位置再绘制出更多较小的圆形，制作成星星的样子，再双击形状图层，在打开的对话框中设置"外发光"样式修饰图形。

步骤 08 创建"按钮"图层组，使用"圆角矩形工具"在页面底部绘制所需图形，为绘制的图形添加"斜面和浮雕"样式加以修饰，使用"横排文字工具"在图形中间输入文字，完成本案例的制作。

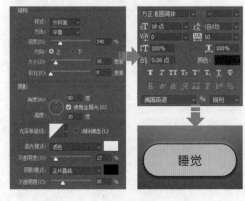